Nachhaltigkeit messbar machen

Michael Wühle

Nachhaltigkeit messbar machen

Ein Praxisbuch für nachhaltiges Leben und Arbeiten

4. Auflage

 Springer

Michael Wühle
Hohenlinden, Bayern, Deutschland

ISBN 978-3-662-66046-1   ISBN 978-3-662-66047-8   (eBook)
https://doi.org/10.1007/978-3-662-66047-8

Die Deutsche Nationalbibliothek verzeichnet diese Publikation in der Deutschen Nationalbibliografie; detaillierte bibliografische Daten sind im Internet über http://dnb.d-nb.de abrufbar.

Planung/Lektorat: Stefanie Wolf
Springer ist ein Imprint der eingetragenen Gesellschaft Springer-Verlag GmbH, DE und ist ein Teil von Springer Nature.
Die Anschrift der Gesellschaft ist: Heidelberger Platz 3, 14197 Berlin, Germany

An alle, die vor nachhaltigen Entscheidungen stehen

Vorwort

Die Entstehung dieses Buches hat eine Vorgeschichte, die im Jahr 2013 mit meiner Selbstständigwerdung begann und mit der Erstveröffentlichung unter dem Titel ‚Oh je, Herr Carlowitz' im Juni 2016 einen vorläufigen, aber nicht endgültigen Abschluss fand. Das Buch war das Ergebnis meiner Findungsphase als Selbstständiger in Sachen Nachhaltigkeit. In ihm werden die Themen, Erlebnisse, Erkenntnisse, Tools und Tricks beschrieben, mit denen ich nun beruflich erfolgreich unterwegs bin.

Gerade am Anfang kann es jedoch leicht passieren, dass der angehende Nachhaltigkeitsmanager viel zu viele Tätigkeitsfelder abdecken will und sich einen unüberschaubaren Bauchladen anschafft, der alles andere als effektiv ist. Genauso ist es mir damals auch ergangen. Als ich mir dessen bewusst wurde, habe ich vieles wieder aussortiert und über Bord geworfen. So entstand die Struktur dieses Buchs. Wertvolle Tipps bekam ich diesbezüglich auch von meinen Lesern und Seminarteilnehmern.

Die Teile, die ich beruflich weiterverwenden wollte, galt es nun erneut sinnvoll zusammenfassen. Das Ergebnis haben Sie gerade in der Hand oder auf Ihrem Bildschirm. Manches aus der Erstauflage wie das Thema Genossenschaften, das inzwischen etwas an Bedeutung verloren hat, fiel der Neustrukturierung zum Opfer oder wurde stark gekürzt. Andere Inhalte wie Ressourceneffizienz, Energieeffizienz, Ökobilanz, Carbon Footprint und etliche mehr fanden dafür nun Eingang ins Buch – Themen, die in meinem beruflichen Alltag als Nachhaltigkeitsmanager heute eine größere Rolle einnehmen als noch vor einigen Jahren.

Den Themenkomplex Nachhaltigkeitsberichterstattung und die EU-weite „nichtfinanzielle Berichterstattung" habe ich ausgebaut bzw. ebenfalls neu aufgenommen. Die bisherige Unverbindlichkeit für Unternehmen und Organisationen verschwindet allmählich und darauf wollte ich reagieren, ist dies doch ein deutliches Zeichen für die steuernde Hand der Politik in Richtung Nachhaltigkeit.

Im Jahr 2020 habe ich das Buch dann gründlich überarbeitet und im Springer-Nature-Verlag neu veröffentlicht. Nun sind wiederum zwei Jahre ins Land gegangen und ich war der Meinung, dass eine nochmalige Überarbeitung (vielleicht die letzte?) sinnvoll wäre. Wieder habe ich gekürzt und nicht mehr relevante Passagen gelöscht, dafür aber auch neue und sehr wichtige Inhalte wie Kennzahlen und Werte hinzugefügt.

Grundsätzlich lag mir jedoch auch daran, den ‚Geist' des Buches zu erhalten, der mich damals 2016 bei der Erstauflage beim Schreiben erfüllt hatte.

Bedanken möchte ich mich an dieser Stelle bei meiner Familie und meinen Freunden, die mich über die Jahre immer wieder dabei unterstützt haben, weiter über Nachhaltigkeit zu schreiben und an meinem Buch dazu beständig zu feilen und zu verbessern. Mir ist schon klar, dass ich damit nie fertig werde und das ist auch gut so.

Ich wünsche Ihnen nun viel Spaß beim Lesen und beim Ausprobieren meiner diversen Übungen, sowie der Tipps und freue mich bereits jetzt auf Ihr Feedback.

Hohenlinden   Michael Wühle
15. Juli 2022

Inhaltsverzeichnis

Über den Autor

Michael Wühle, ist ein erfahrener Ingenieur und Unternehmer. In seiner beruflichen Laufbahn hat er viele große technische Projekte erfolgreich umgesetzt, bis er mit den Themen Umwelt, Klima und Nachhaltigkeit in Berührung kam. Seitdem hat Michael Wühle Nachhaltigkeitsmanagement zu seinem beruflichen Schwerpunkt gemacht. Als Freiberufler unterstützt er Unternehmen und Kommunen

bei der Einführung und Umsetzung von Nachhaltigkeitsprojekten. Sein Wissen im Bereich Nachhaltigkeit gibt er
gerne über Seminare, Workshops und Veröffentlichungen
weiter.

1

Definition Nachhaltigkeit - meine Version

Was bedeutet Nachhaltigkeit? Der Begriff Nachhaltigkeit ist inzwischen recht misshandelt und verbraucht worden und steht oft für Alles und Nichts. Wir hören Aussagen zu unserer nachhaltigen Politik, dem nachhaltigen Streben nach Frieden in der Welt, zu einer nachhaltigen Ernährung, zur großen Nachhaltigkeit im kulturellen Gedächtnis, zur nachhaltigen Entwicklung im ländlichen Raum, zur Notwendigkeit einer nachhaltigen Energiewende usw. Doch das alles erklärt nicht, wofür Nachhaltigkeit wirklich steht.

Nachhaltigkeit ist das ausbalanzierte Zusammenwirken verschiedener Dimensionen, die in der klassischen, betriebswirtschaftlich geprägten Welt jeweils für sich alleine stehen.
Im Jahr 1987 veröffentlichte die Weltkommission für Umwelt und Entwicklung der Vereinten Nationen, die sogenannte Brundtland-Kommission, eine moderne

© Springer-Verlag GmbH Deutschland, ein Teil von Springer Nature 2022
M. Wühle, *Nachhaltigkeit messbar machen*,
https://doi.org/10.1007/978-3-662-66047-8_1

Definition des Begriffs Nachhaltigkeit. Der Name leitete sich von der Vorsitzenden der Kommission, der ehemaligen norwegischen Ministerpräsidentin Gro Harlem Brundtland ab.

„Sustainable development meets the needs of the present without compromising the ability of future generations to meet their own needs."[1]

Nachhaltig ist eine Entwicklung, „die den Bedürfnissen der heutigen Generation entspricht, ohne die Möglichkeiten künftiger Generationen zu gefährden, ihre eigenen Bedürfnisse zu befriedigen und ihren Lebensstil zu wählen."

Ungefähr 300 Jahre vorher hat Hans Carl von Carlowitz den Begriff in einem neuen forstwirtschaftlichen System verwendet und damit quasi vorgeprägt. Dazu später mehr.

Dieses Buch richtet sich an Menschen, die vor nachhaltigen Entscheidungen stehen – sei es ehrenamtlich, zum Beispiel im Engagement für die eigene Gemeinde, sei es im beruflichen oder im privaten Bereich. Ich möchte dem geneigten Leser die Bedeutung, die Missdeutung und die Tiefe des Begriffs Nachhaltigkeit nahebringen. Dabei liegt mir viel daran, zu verdeutlichen, dass Nachhaltigkeit kein abstrakter und theoretischer Begriff ist, sondern vielmehr ein mächtiges Werkzeug sein kann, um unser Handeln in der Praxis zu vereinfachen und zu optimieren.

Wann begann ich mich mit dem Thema Nachhaltigkeit zu beschäftigen? Ich glaube, es war Anfang 2009, ich hatte gerade eine neue berufliche Herausforderung als Leiter der Umweltabteilung eines größeren Unternehmens begonnen. Eine meiner Aufgaben war es, eine Nachhaltigkeitsstrategie für das Unternehmen zu entwickeln und einen Nachhaltigkeitsbericht zu erstellen. Mir kam es damals so vor, als wäre auf einmal alles um mich herum nachhaltig. Die nachhaltige Entwicklung des Unternehmens, die Nachhaltigkeitsstrategie, nachhaltige

Treibstoffe, nachhaltiger Umweltschutz, nachhaltige Reduzierung von Luftverschmutzung und Fluglärm, nachhaltige Ernährung, alles war nachhaltig und hip. Nachhaltigkeit war in Mode gekommen.

Inzwischen ist der Begriff Nachhaltigkeit wie gesagt ziemlich abgenutzt worden, was zu teilweise tragikkomischen Fehlinterpretationen führt. Wenn man will, dann kann man auch einen Kampfpanzer als nachhaltig darstellen. Sie glauben mir nicht?

Lassen Sie uns das spaßeshalber durchgehen: Ein Kampfpanzer funktioniert Jahrzehnte mit größter Präzision und vernichtet in dieser Zeit alle Ziele (und damit natürlich auch Menschen), die er bekämpfen soll, mit hoher Effizienz. Die ökonomische Dimension der Nachhaltigkeit ist damit schon erfüllt. Zudem gehören diese Gerätschaften zum High-End-Portfolio der Rüstungsindustrie, sie werden auch bei uns in Deutschland produziert, sie erhalten und schaffen Tausende von bestbezahlten Arbeitsplätzen. Daher könnte man hier von sozialer Nachhaltigkeit sprechen. Worüber reden wir also eigentlich? Und ökologisch gesehen? Bestens! Im Vergleich mit amerikanischen und russischen Panzern haben Panzer made in Germany bestimmt den geringsten Treibstoffverbrauch und die kleinsten CO_2-Emissionen bei Herstellung und Betrieb (z. B. ein Kampfpanzer Leopard 2 mit 1,5 kg CO_2/km^2 ist in der gleichen Effizienzklasse wie ein VW Golf). Also ein wahrlich nachhaltiges Produkt. Oder? Es bringt nachhaltig Menschen um, darum ist der Kampfpanzer nachhaltig. Richtig?

Natürlich nicht, aber mit diesem etwas zugespitzten Beispiel möchte ich zeigen, welche Kapriolen, Verdrehungen und Perversionen der Begriff Nachhaltigkeit schon erfahren hat.

Ich ging jedenfalls damals ähnlich sorglos mit dem Begriff der Nachhaltigkeit um, denn mir war der Aufbau meiner Abteilung mit all ihren Herausforderungen wichtiger als die Ausdeutung eines Wortes, das meiner Meinung nach nur eine Erscheinung des Zeitgeistes war. Selten habe ich mich so in der Wichtigkeit und Bedeutung eines für mich damals neuen Begriffs getäuscht!

Inzwischen ist jedoch einige Zeit vergangen und ich bin felsenfest davon überzeugt, dass das Prinzip der Nachhaltigkeit der Schlüssel zu den drängendsten Problemen der Menschheit ist. Egal, ob wir dabei die globale Erwärmung und deren Folgen für das Klima unserer Erde und aller Lebensräume im Auge haben, oder ob wir an erneuerbare Energien denken. Egal auch, ob wir von einer intakten Umwelt, der Bewahrung der Schöpfung reden, oder ob wir uns mit der Notwendigkeit von gesunder Nahrung für alle Menschen auf dieser Welt beschäftigen. Egal auch, ob wir von unserer Verpflichtung für die folgenden Generationen, also von Enkeltauglichkeit reden, oder ob wir die Ächtung von Kinderarbeit anmahnen und die Ausbeutung von Arbeitskräften in Entwicklungs- und Schwellenländern kritisieren – wir meinen damit eigentlich immer das Prinzip der Nachhaltigkeit. Auch dann, wenn wir es nicht so nennen.

Limitierender Faktor in unserer Nachhaltigkeitsbetrachtung ist vor allem die Umwelt, denn Nachhaltigkeit bedeutet auch, mit den endlichen Ressourcen unserer Erde hauszuhalten. Wir dürfen weder jetzt noch zukünftig auf Kosten der nachfolgenden Generationen leben. Insofern haben jeder Mensch und jede Organisation die Verpflichtung, an einer gesellschaftlichen Entwicklung zu arbeiten, die ökologisch verträglich und sozial ausgeglichen ist und die ökonomischen Bedürfnisse nach gesunder wirtschaftlicher Entwicklung bedient, die für sichere Arbeitsplätze notwendig ist.

Wenn jedoch Nachhaltigkeit tatsächlich der Schlüssel zu den drängendsten Problemen unserer Zeit ist, dann ist es inzwischen ein wenig attraktiver, verrosteter und abgenutzter Schlüssel. Auch passt er kaum noch ins passende Schlüsselloch. Warum das so ist, wie der Schlüssel einmal ausgesehen hat und wie er wieder ein glänzendes und leicht zu handhabendes Werkzeug werden kann, das uns die Türen aufsperrt, hinter denen die Lösungen für unsere Probleme warten, darum geht es in diesem Buch.

Ich möchte meine persönlichen Erfahrungen rund um das Thema Nachhaltigkeit weitergeben und die Diskussion um die Notwendigkeit einer nachhaltigen Entwicklung neu entfachen. Auf diese Weise hoffe ich, einen kleinen Beitrag zu leisten, damit Nachhaltigkeit wieder zu einem lebenden Prinzip in möglichst vielen Aspekten unseres Alltags wird. Ich werde mir dabei alle Mühe geben, nicht mit erhobenem Zeigefinger zu argumentieren oder belehrend zu wirken.

Beginnen möchte und muss ich mit dem vielleicht schwierigsten Teil – der Begriffsdefinition. Doch wie fange ich an, über den Begriff Nachhaltigkeit zu schreiben, ohne schullehrerhaft zu wirken? Denn wie viele komplexe Begriffe bietet auch der Begriff der Nachhaltigkeit, je nach Standort und Standpunkt, breiten Interpretationsraum.

Soll ich als Erstes aufzählen, was Nachhaltigkeit nicht ist? Soll ich beispielsweise sagen, dass CO_2-Reduzierungsmaßnahmen nicht identisch sind mit dem Begriff der Nachhaltigkeit?

Würde es uns also den Start erleichtern, wenn ich versuche darzulegen, warum solch eine Missdeutung des Begriffs Nachhaltigkeit uns in eine völlig falsche Richtung, ja sogar in eine Sackgasse führen würde? Ich könnte ohne Probleme etliche Seiten darüber schreiben, was Nachhaltigkeit nicht ist, denn auch da schöpfe ich aus einem reichen Erfahrungsschatz. Das bringt uns jedoch nicht wirklich weiter.

Ich versuche es lieber mit den historischen Wurzeln des Begriffs „Nachhaltigkeit". Dabei stoßen wir unweigerlich auf Hans Carl von Carlowitz, einen Vordenker der Nachhaltigkeit im barocken Sachsen.

Im Lexikon der Nachhaltigkeit[3] lesen wir, dass Carlowitz um das Jahr 1700 als sächsischer Oberberghauptmann für die Holzversorgung des sächsischen Berg- und Hüttenwesens verantwortlich war. Die Schmelzöfen des Erzgebirges verschlangen Unmengen an Holz; dazu Bevölkerungswachstum und Städtewachstum führten zu einem großen Holzmangel. Wie in früheren Epochen auch dachten die Menschen nicht weiter nach und holzten ab, was möglich war. So wurde Holz allmählich Mangelware und damit entstand eine große Energiekrise, mit der Carlowitz konfrontiert war und für die er eine Lösung suchte und fand. Ihm wurde klar, dass der vorhandene und steigende Holzbedarf nur durch eine neue Art der Forstwirtschaft gesichert werden konnte. Mit dieser neuen Methode konnte gewährleistet werden „… *daß es eine continuierliche beständige und nachhaltende Nutzung gebe / weiln es eine unentberliche Sache ist / ohne welche das Land in seinem Esse nicht bleiben mag* …".[4] Diese Zeilen stammen aus seinem berühmten Werk Sylvicultura Oeconomica, das als das erste eigenständige Werk zum Thema Forstwirtschaft gilt.

Die Methode von Carlowitz lässt sich vereinfacht so darstellen: einen Baum fällen, drei neue Bäume dafür pflanzen. Das war für diese Zeit ein revolutionärer Ansatz, der nicht kurzfristig, sondern langfristig ausgerichtet war. Mit dieser Methode, mit diesem Prinzip erreichte Carlowitz zunächst einmal sein primäres Ziel, die Sicherstellung der wertvollen und *„unentbehrlichen Sache"* Holz.

Darüber hinaus erreichte er jedoch auch zwei weitere wichtige Dinge: Der mit der Umsetzung seines Prinzips einhergehende geregelte Waldbau schuf beständige

Arbeitsplätze und damit auch einen relativen Wohlstand in der betroffenen Bevölkerung. Der geregelte Waldbau wiederum erhielt die natürlichen Lebensräume und verhinderte die Verkarstung und Bodenerosion, was wiederum Voraussetzung für die Neuanpflanzungen war. Wahrscheinlich standen die beiden letztgenannten Punkte nicht im Vordergrund der Überlegungen von Carlowitz. Oder dachte er doch daran? Ob nun gewollt oder ungewollt, der soziale und der ökologische Aspekt waren direkte Folgen des neuen ökonomischen Schlüssels zur Überwindung der Energiekrise.

Ende des letzten Jahrhunderts entstand auf Grundlage des sogenannten Brundtland-Berichts schließlich eine moderne Definition[5], der drei Dimensionen zugrunde liegen:

- **Ökologische Nachhaltigkeit:** Sie orientiert sich am stärksten an dem ursprünglichen Gedanken, keinen Raubbau an der Natur zu betreiben, und greift damit die Gedanken von Carlowitz auf. Ökologisch nachhaltig ist eine Lebensweise, die die natürlichen Lebensgrundlagen nur in dem Maße beansprucht, wie diese sich regenerieren.
- **Ökonomische Nachhaltigkeit:** Eine Gesellschaft sollte wirtschaftlich nicht über ihre Verhältnisse leben, da dies zwangsläufig zu Einbußen der nachkommenden Generationen führen würde. Allgemein gilt eine Wirtschaftsweise dann als nachhaltig, wenn sie dauerhaft betrieben werden kann.
- **Soziale Nachhaltigkeit:** Ein Staat oder eine Gesellschaft sollte so organisiert sein, dass sich die sozialen Spannungen in Grenzen halten und Konflikte nicht eskalieren, sondern auf friedlichem und zivilem Wege ausgetragen werden können.

So, nun habe ich eigentlich alle wesentlichen Dinge aufgeführt, die zur Bestimmung des Begriffs Nachhaltigkeit notwendig sind. Zufrieden?

Nicht wirklich. Ich auch nicht. Nachhaltigkeit ist ein so komplexer Begriff, dass zum Verständnis reines Faktenwissen nicht ausreicht. Dummerweise ist der Begriff Nachhaltigkeit nicht oder nur teilweise selbsterklärend. Mein langjähriger Englischlehrer hat mir gesagt, dass der englische Begriff Sustainability für Menschen mit englischer Muttersprache in einem viel höheren Maße selbsterklärend ist als für Deutschsprachige dieses etwas hölzerne und schwerfällige Wort Nachhaltigkeit. Ich möchte ihnen daher eine kleine Geschichte erzählen, die einen einfachen und besseren Zugang zum eigentlichen Wesen der Nachhaltigkeit ermöglichen soll, als dies tausend weitere Daten und Fakten tun können.

Diese Geschichte ist frei erfunden, könnte jedoch so stattgefunden haben. Erfahrungen, die ich in den letzten Jahren im Zusammenhang mit dem Thema Nachhaltigkeit gemacht habe, kommen darin genauso vor, wie die damaligen Verhältnisse, die Carlowitz im 18. Jahrhundert wahrscheinlich vorgefunden hat. Ich nehme dabei die Rolle eines Schreibers namens Felix ein (den es meines Wissens im Leben von Carlowitz nicht gegeben hat), der als Studiosus dem ehrwürdigen Hans Carl von Carlowitz bei der Verfassung seiner *Sylvicultura oeconomica* zur Hand geht und dabei die Gelegenheit hat, alle möglichen gescheiten und dummen Verständnisfragen zu stellen.

Wir befinden uns anno 1714 im sächsischen Freiberg, im Studierzimmer von Carlowitz, dem zentralen Raum eines ehemaligen Burgturms, den ihm der sächsische Kurfürst geschenkt hat.

Eine kleine Geschichte der Nachhaltigkeit

Felix sitzt in dem geräumigen Turmzimmer an einem kleinen Holztisch und klappt gerade das große Buch zu, an dem er auch heute wie die letzten Wochen täglich geschrieben hat. Heute sind sie nach vielen Monaten nun endlich fertig geworden und Felix ist froh, denn seine Finger schmerzten bereits vom vielen Schreiben. Er drückt die Schultern zurück, dehnt sich ausgiebig und sieht sich den Titel auf dem Einband noch einmal an:

SYLVICULTURA OECONOMICA
  oder
  Hausßwirthliche Nachricht und Naturmäße
  Anweisung
  zur
  Wilden Baum-Zucht

Felix erinnert sich, dass er allein für diese erste Seite viele Tage arbeiten und mehrfach wieder von vorn beginnen musste. Die Buchstaben waren mehr zu malen als zu schreiben und das war sehr mühsam. Aber jetzt, zumindest für heute ist Schluss, Feierabend.

Irgendetwas stört Felix jedoch. Etwas fehlt ihm. Er blickt auf und schaut auf die abendliche Landschaft, die in diesem Frühsommer vom Grün der Bäume nur so strotzt. Es ist ein Grün, das beinahe schon in den Augen schmerzt. Die großen Fenster sind zum Teil geöffnet und warme Luft streicht durch den Raum. Der Raum ist angefüllt mit Zeichnungen und Skizzen, die an die Wand genagelt sind, auf Staffeleien stehen oder einfach unordentlich am Boden liegen. Sie zeigen Bergwerksstollen, Werkzeuge und Maschinen zur Metallgewinnung und viele, viele Zeichnungen von Bäumen. Baumschösslinge, wie sie gepflanzt und vor Wildverbiss geschützt werden. Bäume, wie sie gefällt, zersägt und gelagert werden. Darunter auch Traktate über das Aussehen und den Geschmack verschiedener Erden und Listen über die Anzahl gefällter und gepflanzter Bäume. Es ist ein Raum, in dem ganz offensichtlich fleißig gearbeitet wird.

Vor dem Treppenabgang wölbt sich der gute alte Kachelofen, der in so manchen Wintertagen das Schreiben mit verkrampften und schmerzenden Fingern gerade noch erträglich gemacht hat. Neben dem Ofen steht der mit rotem Samt gepolsterte Lehnstuhl seines Meisters Hans Carl von Carlowitz. Wie dieser so dasitzt, in der einen Hand die Pfeife, aus der Tabakqualm zur Decke steigt, in der anderen Hand ein zerfleddertes Buch haltend, wirkt er auf Felix sehr entspannt und wohlgelaunt. Sein Meister ist ein alter Mann mit 68 Lenzen. Die offizielle Perücke hat er über die Stuhllehne geworfen. Mit seinem runden und gerötetem Gesicht, dem kurzen grauen Haar und der edlen, aber abgenutzten Kleidung wirkt er eher wie ein Universitätsprofessor denn als mächtiger Beamter Sachsens.

Felix denkt daran, dass sein Meister, der hochgeachtete Oberberghauptmann Hans Carl von Carlowitz, zuweilen recht jähzornig sein kann und es vielleicht besser wäre, nichts zu sagen. Doch er weiß nun, was ihn die ganze Zeit so stört und seine Gedanken nicht zur Ruhe kommen lässt, und so fasst er sich ein Herz und spricht seinen Meister an:
„Meister, darf ich Euch etwas fragen?"
Carlowitz reagiert nicht und Felix wiederholt seine Frage deutlich lauter.
„Kannst Du mich denn nicht einen Augenblick ungestört lesen lassen?", antwortet diesmal der Gefragte.
(Carlowitz hatte mit dem Alter immer stärker zu nuscheln begonnen und so musste sich Felix beim Zuhören sehr anstrengen und oft auch raten, was sein Meister gesagt hatte.)
Diesmal ist die Antwort jedoch laut und verständlich, wenn auch nicht besonders ermutigend. Felix macht trotzdem weiter: „Meister, ich habe Euer Werk wie von Euch diktiert niedergeschrieben, aber mir ist vieles nicht klar und manches verstehe ich überhaupt nicht."
„Das wundert mich nicht", grummelt Carlowitz, „denn dass Du nicht der Gescheiteste bist, weiß ich schon lange. Aber sei's drum, heute bin ich mal großzügig. Was willst Du wissen, aber fasse Dich kurz und rede laut und deutlich."

Felix schiebt nervös das vor ihm liegende Buch auf der Tischplatte hin und her, schlägt es dann auf und blättert eine Weile ziellos darin herum. Schließlich hat er sich so weit gefasst, dass er seine erste Frage stellen kann: „Ihr schreibt in Eurem Werk, dass es eine große Holznot gäbe. Dass die Bergwerke kein Holz mehr für neue Stollen haben, dass die Schmelzöfen kein Holz mehr haben, um das Erz zu Eisen zu schmelzen. Ihr sagt, dass wir nachhaltig mit dem Sach umgehen müssen. Was meint Ihr damit? Wenn es bei uns kein Holz mehr gibt, dann können wir es doch bei den Baiern oder Tyrolern kaufen?"

Carlowitz schaut seinen jungen Schreiber mit einer Miene an, als müsse er einer Katze erklären, wozu Mausefallen da sind. Er rollt mit den Augen und blickt zur Decke: „Lieber Herrgott, mit welchem Trottel hast Du mich armen Sünder da geschlagen!", ruft er aus. Und an Felix gewandt: „Hast Du denn die ganze Zeit nicht aufgepasst? Tagelang, wochenlang habe ich Dir alle Einzelheiten diktiert. Schreibst Du nur blöde ab oder denkst Du auch mal mit?"

Dabei schlägt er mit der Faust auf die Stuhllehne, dass es nur so kracht. Dann springt er mit einer raschen Bewegung, die Felix ihm nicht zugetraut hätte, von seinem Lehnstuhl auf. Er läuft im Sturmschritt auf den Tisch zu, an dem Felix sitzt und sich vergeblich bemüht, in seinem Stuhl zu verkriechen. Vor dem Tisch bleibt Carlowitz stehen, stemmt die Hände in die Hüften, funkelt Felix wütend an und beginnt auf ihn einzureden.

„Einmal, ein einziges Mal werde ich versuchen, Deinem dummen Schädel einzubläuen, was jedem anderen Menschen nach der Arbeit mit mir völlig klar gewesen wäre. Also, hör gut zu, denn wenn Du mich noch einmal so etwas Blödes fragst, dann wirst Du mich wirklich wütend erleben!"

Felix ist schon fast unter der Tischkante verschwunden und nicht in der Lage, seinem Meister zu sagen, dass er sehr aufmerksam zuhören wird. Carlowitz funkelte ihn noch einige Momente an, wohl um zu überprüfen, ob von Felix Seite noch irgendwelche Widerworte kommen. Als er sicher sein kann, dass er die volle Aufmerksamkeit des verängstigten Jünglings hat, beginnt er mit der Erklärung seiner Begriffe in einer Art und Weise, die Felix vermuten lassen, dass er diese Rede eigentlich für ein anderes Publikum vorbereitet und schon öfters vorgetragen hatte:

„Wie also ein jeder, außer Felix, in diesem Lande Sachsen weiß, herrscht seit etlichen Jahren eine große Not an Holz. Holz braucht ein jeder Mensch. Aus Holz machen wir Dächer, Werkzeuge, Kutschen, Gebrauchsgegenstände aller Art, wir stützen die Stollen unserer Bergwerke damit und vor allem brauchen wir es, um unsere Öfen zu heizen und unser Erz zu verhütten. Denn das ist der nie versiegende Reichtum unseres Landes. Wir haben Gott sei Dank genügend Gold, Silber, Eisen, Buntmetalle und Mineralien im Fels unserer Berge. Deswegen haben wir immer mehr Holz geschlagen, um zu diesen Schätzen zu gelangen, und inzwischen sind unsere meisten Wälder kahl. Neu gepflanzte Bäume brauchen lange Zeit, um zu wachsen und groß zu werden – mindestens so lange, bis du ein alter Mann bist –, bis man sie fällen und verarbeiten kann. Nur mit Holz für die Stollen und Gänge im Berg, nur mit Holz zum Schmelzen der Erze können wir diese Reichtümer unseres Landes abbauen, deshalb ist Holz ebenfalls der Schatz unseres Landes. Wir müssen unsere Wirtschaft daher so einrichten, dass es keinen Mangel an Holz gibt und dass genutzte Flächen sofort verjüngt werden. Hast Du das bis dahin verstanden, dummer Bub?"

Felix nickt heftig und sein Meister fährt fort. „Viele meinen nun, den Nachwuchs des Waldes könne und müsse man der gütigen Gottesnatur allein überlassen. Diese Leute ziehen den Sinn von Säen und Pflanzen in Zweifel, zudem sei es profitabler, die Kahlflächen in Äcker und Weiden umzuwandeln. Aber die Waldsaat ist nichts wirklich Neues, bereits die alten Römer haben in ihrem mächtigen Weltreich Bäume gesät und gepflanzt. Ohne immerwährenden Holznachschub hätte es kein Imperium Romanum gegeben, so viel steht fest. Schon jetzt gibt es bei uns in Sachsen Versorgungsprobleme und das Holz braucht hundert Jahre zum Reifen. Wenn dann aus der Not heraus jüngere Bäume gefällt werden, führt das zur Verwüstung und Zerstörung der reifenden Wälder.

Aber wie meist im Leben handeln die Menschen erst dann, wenn ihnen das Wasser bis zum Halse steht, und da sind wir nun angelangt, denn der Holznachschub ist bei uns nun sehr knapp geworden. Jeder Fürst, jeder Grundbesitzer, Bauer und Hausvater sollte also überall Bäume pflanzen, wo Feldbau nicht ertragreich ist. An Ufern von Bächen und Flüssen, in Gräben, auf Weiden und anderswo. Bäume sind ein Schatz und Kleinod eines Landes und die Wälder sind seine Vorratskammer, die aber gepflegt werden muss. Es braucht Können, Wissen und Fleiß, um Holz richtig anzubauen und zu erhalten, damit es eine dauerhafte, beständige und nachhaltende Nutzung gibt, denn Holz ist unentbehrlich und die Landeswohlfahrt hängt davon ab.

Auch Importe aus anderen Ländern wie Tyrol, Baiern oder Italia führen nicht weiter, sie wären sehr teuer, nicht wirtschaftlich, nicht nachhaltig. Zudem bedroht der Holzmangel bereits ganz Europa. Es gibt also nur einen Weg – und das ist das Säen und Pflanzen von Bäumen. Wenn wir den mageren jährlichen Ertrag aus Feldfrüchten bei uns im Erzgebirge mit dem Ertrag vergleichen, den wir in fünfzig Jahren aus Holz erzielen können, dann ist Letzterer mit vielen tausend Talern unvergleichlich höher.

Unsere Grundbesitzer und Betriebe haben das Können, um Holz richtig zu verarbeiten, und unser allergnädigster Landesfürst wird schon dafür sorgen, dass sie mit dem nötigen Fleiß bei der Sach sind. Das Wissen, wie die Waldsaat geht und wie Bäume nachhaltig gepflanzt, gepflegt und genutzt werden, dieses Wissen haben wir nun aufgeschrieben. Es steht jetzt allen zur Verfügung, die Baumzucht betreiben und Wälder nachhaltig nutzen wollen."

Carlowitz holt tief Luft und sieht seinen Lehrling aufmerksam an. „Hast du jetzt verstanden, warum wir uns hier plagen und woran wir arbeiten?"

Es ist klar, dass der Meister jetzt eine Antwort von Felix will. Anders als zuvor hat Felix aber diesmal keine Angst vor der Antwort, denn nun versteht er die Zusammenhänge.

„Ja Meister, ich hab's kapiert. Nur wenn wir jetzt genügend Bäume pflanzen, dann haben auch unsere Kinder genügend Holz zum Bauen, Heizen und Erzabbau. Und sie müssen es wiederum unseren Enkeln lernen, damit es immer so weitergeht. Dann haben wir einen immerwährenden, nie versiegenden Quell für Reichtum und

Wohlstand. Und auch wir haben zu Lebzeiten einen Lohn vom Pflanzen und Säen:. Wir können einen Teil der jährlich ausschlagenden Stöcke der jungen Bäume ernten, die immer wieder nachwachsen, und haben so unseren Nutzen."

Da geht ein sanftes Lächeln über das Gesicht von Carlowitz und er schaut zufrieden. Er weiß in diesem Augenblick, dass hier, an diesem Tag und an dieser Stelle etwas Nachhaltiges passiert war. Er hatte die Saat seiner Wissenschaft in seinem jungen Lehrling aufgehen sehen und war sich in diesem Moment sicher, dass diese Saat ihre Früchte tragen würde.

„Gut, gut", murmelt Carlowitz, „ich glaube, du hast es jetzt verstanden". Er geht sichtlich entspannt zu seinem Lehnstuhl zurück, zündet seine Pfeife neu an und vertieft sich wieder in die Lektüre seines Buchs.

Felix ist ebenfalls hochzufrieden mit allem, was er gerade erfahren und gelernt hat. Nun ist aber wirklich Feierabend! Gähnend und mit sich im Reinen steht er auf, denkt an die Schenke unten im Dorf, an die guten Würste, das gute Bier und die hübsche Wirtstochter, die er so gern ansieht. Er geht flotten Schrittes die Turmtreppe herunter und denkt nicht mehr an seinen Meister oder an die Forstwirtschaft, sondern an den schönen Abend mit seinen kleinen Vergnügungen.

Das war sie nun, meine fiktive Geschichte über Carlowitz und seinen taffen Studiosus. Hat sie ihnen gefallen? Ich hoffe doch!

Durch meine Recherchen über Carl von Carlowitz, seine Zeit und deren Herausforderungen habe ich eine Menge über Nachhaltigkeit gelernt. Ich meine damit nicht so sehr das Faktenwissen, sondern die emotionale Komponente, die ich mit meiner kleinen Geschichte versuche einzufangen. Dieser emotionale Zugang zur Nachhaltigkeit, die unseren englischsprachigen Freunden anscheinend schon muttersprachlich in die Wiege gelegt wird, dieses Gefühl brauchen wir, um Nachhaltigkeit wirklich leben und umsetzen zu können. Es ist das Gefühl, das wir haben, wenn wir unsere Hand auf die Borke eines alten Baums legen. Sie wissen was ich meine.

Oh je, Herr Carlowitz, möchte man fast sagen, wenn wir uns in seine Zeit und seine Probleme hineinversetzen. Er hatte eine gigantische Aufgabe vor sich, die langfristige Strategien verlangte und die vor allem in die Köpfe der Menschen gepflanzt werden musste.

> Es lohnt sich in jedem Fall, Projekte aus dem Blickwinkel der Nachhaltigkeit durchzuführen. Nachhaltigkeitsprojekte, die schlussendlich immer alle drei Dimensionen bedienen, führen zu stabilen, zukunftssicheren und damit nachhaltigen Ergebnissen. Dies gilt sowohl für Produkte und Dienstleistungen bis hin zu erfolgreichen Transformation von Unternehmen zu nachhaltigen Organisationen. Diese Feststellung ist zugleich auch Teil der Definition von Nachhaltigkeit.

Gut, damit sind wir nun auch emotional im Thema angekommen. Wir erkennen und akzeptieren, dass unsere Gefühle, unsere Emotionen der unverzichtbare Kitt sind, die drei Dimensionen der Nachhaltigkeit zu einem Objekt, zu einer Einheit verschmelzen, welche ein sehr mächtiges Potenzial in sich trägt. Auch Carlowitz wäre mit seinem revolutionären neuen Konzept einer „Wilden Baumzucht" nicht weit gekommen, wenn er seine Mitmenschen nicht gewonnen hätte. Allein der Befehl seines Landesfürsten hätte sicherlich nicht gereicht. Daher sollten wir uns nun der Frage zuwenden, warum Nachhaltigkeit gerade im Zeitalter der globalen Erwärmung und den damit verbundenen Emotionen zu einem unverzichtbaren Werkzeug bei der Abfederung der Folgen wird.

Damit wir diese Frage gemeinsam beantworten können, müssen wir uns vor Augen führen, dass Menschen am einfachsten auf einen neuen Weg mitgenommen werden können, wenn wir das Ziel und das Ergebnis am Ende dieses Wegs visualisieren können. Wir erhalten damit ein Bild von dem Ergebnis, das wir anstreben und können es anschaulich darstellen.

Quellenverweis und Anmerkungen

1. Our Common Future: Report oft he World Commission on Environment and Development, http://www.un-documents.net/our-common-future.pdf, bekannt als Brundtland-Bericht.
2. Siehe http://www.tagesspiegel.de/wirtschaft/leopard-2-so-sauber-wie-ein-golf/4360926.html Ob die Angabe wirklich stimmt, ist für unser Beispiel nicht so wichtig. Wichtig ist, dass so ähnlich argumentiert wird.
3. https://www.nachhaltigkeit.info/artikel/hans_carl_von_carlowitz_1713_1393.htm.
4. Sylvicultura oeconomica, Hans Carl von Carlowitz, oekom verlag. http://www.oekom.de.
5. https://www.bmuv.de/themen/nachhaltigkeit-digitalisierung/nachhaltigkeit/strategie-und-umsetzung.

2

Ein Bild sagt mehr als tausend Worte

Kennen Sie das eindrucksvolle Bild, das Steve Jobs verwendet hat, um zu veranschaulichen, warum Apple gleichviel Wert auf Technologie und Design (Kunst) des Produkts legen muss, um einzigartig und erfolgreich zu sein? Nachstehend eine Skizze davon (siehe Abb. 2.1).

Technologie und Kunst (oder auch Geisteswissenschaften) treffen sich an einem Punkt, an dem ein einzigartiges Produkt entsteht. Für Steve Jobs war es enorm wichtig, die Vereinbarkeit von Technologie und Kunst in seinen Produkten zu manifestieren.

„Technology, … married with the humanities … that make our heart sing"[1], sagte er einmal dazu. Damit hat er das Alleinstellungsmerkmal von Apple auf den Punkt gebracht und der ganzen Welt gezeigt, dass nicht offene Schnittstellen nach allen Seiten die gewünschte Stabilität, Zuverlässigkeit und Anwenderfreundlichkeit bringen, sondern geschlossene, in sich stimmige und harmonisch zusammenarbeitende Systeme zukunftsträchtige Lösungen

© Springer-Verlag GmbH Deutschland, ein Teil von Springer Nature 2022
M. Wühle, *Nachhaltigkeit messbar machen*,
https://doi.org/10.1007/978-3-662-66047-8_2

Abb. 2.1 Die Kreuzung von Steve Jobs

hervorbringen. Voraussetzung ist jedoch, dass das Produkt vom Kunden gewünscht ist oder noch besser, die zukünftigen Wünsche und Erwartungen der Kunden vorwegnimmt.

Und was hat das mit Nachhaltigkeit zu tun? Viel. Sehr, sehr viel.

Nachhaltigkeit ist ebenfalls ein stimmiges System, ein Objekt, eine gesamtheitliche Methodik. Wenn ihre drei Dimensionen in der richtigen Art und Weise Berücksichtigung finden und auf die jeweilige Situation angepasst werden, dann erbringt sie vortreffliche Ergebnisse.

Das hört sich alles ziemlich abstrakt an, nicht wahr? Das ist mir klar und deswegen möchte ich versuchen, dies mit einigen Bildern zu verdeutlichen.

Schauen wir noch mal auf das Bild der Kreuzung. Es hat trotz aller Brillanz und der sich daraus entwickelten Erfolgsstory eine Schwäche, die wir bei gut gemeinten Nachhaltigkeitskonzepten auch oft finden und die meist zum Scheitern führt.

Wie, Schwäche? Apple hatte doch den Megaerfolg mit diesem System, also was soll das Gerede über Schwäche?

Ja, Schwäche.

Wer sich mit der Geschichte dieses Unternehmens, den Anfängen und der Rolle von Steve Jobs beschäftigt, wird sehr schnell den permanenten Konflikt erkennen, der Apple mehrfach fast zerrissen hat. Es war der Konflikt zwischen den Technikern, die offene Schnittstellen wollten und nur die Technik im Fokus hatten, und den Designern, die immer durchgestylte, coole und schöne Produkte kreieren wollten die vom Kunden begeistert aufgenommen würden. Das Ganze wurde zusätzlich verkompliziert von den Kaufleuten und Finanzchefs, die nur den Profit im Kopf hatten und denen das eigentliche Produkt schlicht und ergreifend egal war.

Steve Jobs war der Faktor, der diese zwei, eigentlich drei diametral entgegengesetzten Richtungen nicht nur befrieden, sondern verbinden konnte und somit zu einzigartigen Erfolgen führte. Nun ist Steve leider tot (die Götter rufen die, die sie lieben, früh zu sich, oder so ähnlich) und ich bezweifle stark, dass seine Nachfolger ähnliche Innovationen, ja Revolutionen am Computer- und Media-Markt erreichen können und werden. Steve Jobs konnte diese Erfolge dank seines einzigartigen Genies und seiner Visionen erreichen.

Ich habe dieses Genie, diese visionäre Gabe nicht. Sie wahrscheinlich auch nicht. Gut, sagen Sie, brauchen wir ja auch nicht. Wir beschäftigen uns nicht mit Computern, Tabletts, Smartphones und derlei, sondern mit Nachhaltigkeit, mit Nachhaltigkeitsmanagement. Unsere Aufgabenstellung ist ja eine völlig andere.

Das ist ein Irrtum!

Es geht auch bei Nachhaltigkeit darum, verschiedene Dimensionen, die noch dazu alle gleich wichtig sind und dem Anschein nach überhaupt nicht zusammenpassen, zusammenzubringen und zu einer erfolgreichen Fusion zu bewegen.

Steve Jobs hatte *nur* zwei Dimensionen und er schaffte die glückliche Verbindung der beiden Dimensionen dank seiner genialen Intuition, Vision, Kraft und nicht zu vergessen: seiner wahnsinnigen Sturheit

- **Schönheit/Ästhetik/Anwenderfreundlichkeit/Kunst**
  (die soziale Dimension der Nachhaltigkeit)

und

- **Technische Innovation/Alleinstellungsmerkmal/ Innovationskraft/Leistung**
  (die ökonomische Dimension der Nachhaltigkeit)

Für eine erfolgreiche Umsetzung von Nachhaltigkeitskriterien in unserem täglichen privaten und beruflichen Leben, für ein zukunftsfähiges Nachhaltigkeitsmanagement müssen wir drei Dimensionen – die Ökonomie, die Ökologie und die sozial/gesellschaftliche Dimension – zusammenführen.

Wie in aller Welt sollen wir das schaffen?

Wir schaffen das mit einer eindeutigen und auf jeden Anwendungsfall, auf jedes Projekt anwendbaren Methodik der Nachhaltigkeit. Damit können wir Normalsterblichen mit großem Erfolg im Bereich Nachhaltigkeit das erreichen, was Steve dank seines Genies bei Apple gelang:

Durchschlagende, einzigartige, von allen Menschen akzeptierte Lösungen in unserem täglichen Leben, die uns in der Gegenwart helfen und zukünftigen Generationen gleichfalls zur Verfügung stehen.

Ich werde daher mit Ihnen ein Bild entwickeln, das gut geeignet ist zu verstehen, wie die verschiedenen Dimensionen der Nachhaltigkeit interagieren und voneinander abhängig sind.

Bevor wir dazu kommen, möchte ich zunächst jedoch beispielhaft aufzeigen, warum rein sozial oder rein ökologisch geprägte Projekte oft nicht gelingen, wenn die ökonomische Komponente nicht beachtet wurde. Diese von mir in ähnlicher Weise erlebten Beispiele sind wichtig, damit unser Bild, unsere Vision von Nachhaltigkeit greifbar wird.

Beispiel 1: Absturz eines sozialen Projekts

Stellen wir uns folgende Situation vor: Sie und ich und eine Menge anderer engagierter Menschen haben sich viele Gedanken über das Altern, Demenz, Pflegebedürftigkeit und mögliche altersbedingte Hilflosigkeit gemacht. Dieses Schicksal kann jeden von uns treffen, wenn wir nur lange genug leben.

Also gut, wir haben uns irgendwie gefunden und wollen gemeinsam an der Lösung arbeiten. Denn wir wollen allen Betroffenen ein menschenwürdiges Altern, Leben und Sterben ermöglichen. Wir wollen auch für unsere eigene Zukunft vorsorgen und Strukturen schaffen, in denen wir menschwürdig alt werden können.

Wir planen deswegen, eine Genossenschaft zu gründen, die ihren Mitgliedern genau dieses menschenwürdige Altwerden ermöglichen würde. In der Gründungsversammlung unserer Genossenschaft wollen wir den Bau eines Seniorenstifts beschließen, in dem Menschen glücklich und zufrieden alt werden können und optimal versorgt werden. Das Seniorenstift soll unter Berücksichtigung aller soziologischen, medizinischen, sozialen und technischen Erkenntnisse geplant und gebaut werden. Es soll den alten Menschen eine letzte Heimat werden, das Areal soll, eingebettet in einen weitläufigen Park, eine heitere Gelassenheit ausstrahlen.

Ein toller Plan.

Nun kommt der Tag der Gründungsversammlung. Ein sehr wichtiger Tag. Der wichtigste Tag überhaupt, denn heute soll der großartige Plan sein Fundament bekommen.

Der Saal ist voll. Das Gemurmel weist auf angeregte Diskussionen hin. Die Atmosphäre ist erwartungsvoll angespannt. Nun tragen die Gründungsmütter und Gründungsväter der Versammlung ihre tolle Idee, ihre Erwartungen, ihre Pläne vor. Zustimmung von allen Seiten. Tolle Veranstaltung. Alle fühlen sich glücklich und geborgen.

Doch halt, da kommt eine Wortmeldung aus dem Publikum. Sieht das keiner? Doch, doch jetzt, wird man auf der Bühne aufmerksam. Man freut sich natürlich über jede Wortmeldung. Ein Mikro wird durch die Reihen getragen und der Person im Publikum gereicht, die anscheinend was zu sagen hat.

Die Person nimmt das Mikro und beginnt zu sprechen. Anfangs sichtlich nervös und mit einem nicht zu überhörenden Zittern in der Stimme, später jedoch immer sicherer werdend.

„Tolle Idee, die Sie da haben, aber können Sie mir nun auch sagen, wie Sie das jemals finanzieren wollen und was ich als Anteilseigner davon habe?"

Auf einen Schlag ist es still im Publikum.

Der provisorische Vorstand auf der Bühne nimmt diese vom bisherigen Veranstaltungsverlauf doch sehr abweichende und kritische Frage entgegen und antwortet, wenn auch etwas zögerlich: „Die Finanzierung soll primär über das Eigenkapital, d. h. die gezeichneten Anteile der Mitglieder erfolgen. Wenn dann noch was fehlt, bekommen wir sicherlich günstige Kredite."

Danach begann nun eine mehrstündige Diskussion über Finanzmodelle und Renditeerwartungen, die ich zu einem Zeitpunkt verlassen habe, als sie noch voll im Gange war. Mein letzter Eindruck war, dass es immer diffuser wurde, und ich hatte wirklich nicht den Eindruck, dass dieser Abend das gewünschte Ergebnis bringen würde.

Glauben Sie mir, das Projekt war nach diesem Abend schon beendet bevor es richtig begonnen hat. Der Grund dafür war die mangelnde Vorbereitung und Berücksichtigung der ökonomischen Faktoren, insbesondere der Renditeerwartung der potenziellen Anteilseigner und sonstigen Investoren.

Beispiel 2: Die insolvente Energiegenossenschaft

Wie es in diesen Tagen so oft geschieht, gründen engagierte Bürger eine Energiegenossenschaft, um ihre Mitglieder mit umweltfreundlichem und günstigem Strom zu versorgen. Sagen wir mal, diese Genossenschaft, die wir Morgenrot eG nennen wollen, bepflastert die Dächer ihrer eigenen Häuser und sonst noch einige Immobilien ihrer Gemeinde mit Photovoltaikmodulen und produziert Solarstrom.

Voller Idealismus haben die Bürger in der Satzung ihrer Morgenrot eG als Förderzweck den Schwerpunkt auf die Erzeugung klimafreundlichen Solarstroms gelegt, um einen Beitrag zur Energiewende zu leisten. Sie wollen zwar keine Verluste machen, aber auch keinen großartigen Gewinn, eine schwarze Null genügt ihnen. In ihrem Geschäftsplan, den sie als Morgenrot eG dem Genossenschaftsverband vorlegen müssen, beschreiben sie die kalkulierte Kapitalrendite mit 1 bis 1,2 %.

Bald sind 20 bis 30 Menschen aus ihrer Gemeinde gefunden, die ähnlich denken und die sich der Genossenschaft anschließen. Nun ist auch genügend Eigenkapital da, um die Dächer mit PV-Anlagen auszustatten; das Konzept scheint aufzugehen. Der Strompreis stimmt. Die Begeisterung der Mitglieder und die ehrenamtliche Mitarbeit trägt die Genossenschaft. Alles läuft super, alle sind glücklich.

Dieses Beispiel habe ich bis dahin exakt so erlebt.

Jetzt springen wir einige Jahre in die Zukunft. Es sind noch genauso viele PV-Anlagen in Betrieb wie zuvor, keine einzige mehr. Das Kapital der Gründungsmitglieder ist verbaut. Die sehr geringe Kapitalrendite hat nicht zu einem Kapitalaufbau geführt, was nicht überrascht. Das Geld, das am Jahresende übrig geblieben ist, ging in Wartung und Instandhaltung. Neue Mitglieder konnten nicht geworben werden. Alle idealistisch denkenden Leute der Umgebung haben sich ja schon anfangs eingefunden. Nun stehen die ersten Wechselrichter zum Austausch an, denn die Morgenrot eG hat wegen ihrer geringen Kapitaldecke vor allem Billigprodukte gekauft. Mit welchem Geld sollen nun die erforderlichen Repowering-Maßnahmen finanziert werden? In noch ein paar Jahren stehen die ersten Modulwechsel an. Wie soll das denn bezahlt werden? Sollen wir die PV-Anlagen einfach abschalten? Das geht doch nicht, damit vernichten wir doch das verbaute Kapital unserer Mitglieder. Was tun?

Egal wie die Geschichte nun genau weitergeht, sie wird kein gutes Ende nehmen. Ich tippe hier auf eine Insolvenz spätestens zehn Jahre nach Gründung. Der Grund dafür liegt in der klaren Missachtung der ökonomischen Dimension. Voller Idealismus sind die Leute der Morgenrot eG an die Sache rangegangen und wollten einen Beitrag zur Verminderung von Treibhausgasemissionen leisten. Sie haben toll zusammengearbeitet, sind zusammengewachsen und verstehen sich auch heute noch sehr gut. Eine tolle Gemeinschaft. Und bankrott.

Nebenbei gesagt empfehle ich für eine Energiegenossenschaft dieser Art eine Eigenkapitalrendite von mindestens 3 %, besser 4 bis 5 %. Erst dann können genügend Rücklagen gebildet werden, um im Laufe der Jahre notwendige Erneuerungen und Erweiterungen finanzieren zu können. Es finden sich bei einer solchen Renditeerwartung wahrscheinlich auch in der Zukunft neue Mitglieder, die in die Morgenrot eG einsteigen werden. Wenn Ihr Geschäftsmodell und Ihre Kalkulationen nicht mindesten 3 % hergeben, dann gebe ich Ihnen den Tipp: Lassen Sie es sein!

Als Konsequenz aus den beiden Negativbeispielen möchte ich nun ein Bild entwickeln, das ein erfolgreiches Nachhaltigkeitssystem darstellt. Es soll ähnlich anschaulich wie das von Steve Jobs sein und alle drei Dimensionen der Nachhaltigkeit umfassen. Denn das war die gemeinsame Schwäche der skizzierten Beispiele. Obwohl in beiden Fällen viel Engagement der Initiatoren dabei war und die moralischen, sozialen und ökologischen Werte voll besetzt waren, scheiterten diese Beispielprojekte schon ziemlich am Anfang, weil die ökonomische Komponente nicht gleichwertig beachtet wurde. Und das wiederum kam meiner Überzeugung nach davon, dass es kein stimmiges und vollständiges Bild vom erwünschten Ergebnis gab, das alle beteiligten Menschen in gleicher Weise vor Augen hatten.

Damit sind wir bei einem Zwischenfazit: Ohne ökonomischen Ansatz, ohne Wirtschaftlichkeit und ohne ein stimmiges Bild vom gewünschten Ergebnis sind ökologische und soziale Projekte fast immer zum Scheitern verurteilt. Wird dagegen die ökonomische Komponente von Anfang an gleichwertig mit einbezogen, dann steigen die Chancen für ein erfolgreiches Projekt enorm.

Abweichend zu der bisher beschriebenen Gleichwertigkeit der drei Dimensionen der Nachhaltigkeit kommt noch eine Besonderheit dazu. Die ökonomische Komponente muss meiner Erfahrung nach zwingend als erste Maßnahme einer Projektentwicklung stehen. Nur so können schon konzeptionell die Voraussetzungen und Randbedingungen erkannt und berücksichtig werden, damit der eigentlich gewünschte Nutzen oder Effekt in der sozialen oder ökologischen Dimension eintreten kann. Glauben Sie mir das nicht? Nun gut, dann probieren Sie es aus und Sie werden reumütig zu dieser Stelle zurückkehren.

Aber jetzt zu unserem neuen Bild für das gewünschte Prinzip erfolgreicher Nachhaltigkeitsprojekte. Es ist keine Kreuzung, wie bei Steve Jobs, sondern ein Kreisverkehr. Schauen Sie sich doch mal diesen Kreisel der Nachhaltigkeit an (Abb. 2.2).

Von links kommt die ökonomische Komponente und vereinigt sich mit der von unten einströmenden sozialen Komponente. Beide fließen mit der ökologischen Komponente zusammen, bis sie dann alle vereinigt gemeinsam die Ausfahrt auf die Straße der Nachhaltigkeit nehmen. Auf der „Straße der Nachhaltigkeit" sind sie dann vereint stärker als jeder einzelne von ihnen.

Ich mag dieses Bild sehr gern. Es zeigt zum einen, dass die „Straße der Nachhaltigkeit" zumindest im Prinzip von jeder Dimension aus erreicht werden kann. Soziale Nachhaltigkeitsprojekte starten oft ohne die Unterstützung der beiden anderen Dimensionen. Wenn dann nach einigen Umkreisungen die beiden anderen Dimensionen dazugekommen sind, wird die Abfahrt zur „Straße der Nachhaltigkeit" doch noch gefunden. Ähnliches kann mit Projekten passieren, die zunächst auf der ökologischen Schiene gestartet wurden. Auch die ökonomische Dimension rutscht heutzutage nicht mehr

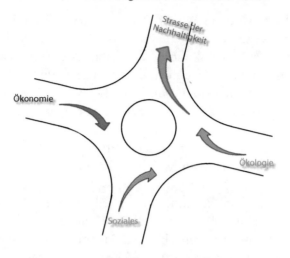

Abb. 2.2 Kreisel der Nachhaltigkeit

so einfach durch diesen Kreisverkehr der Nachhaltigkeit wie noch vor einigen Jahren, denn diese Fixierung
allein auf das monetäre, das finanzielle Element wird von
der Gesellschaft, von den Bürgerinnen und Bürgern, den
Stakeholdern (Anspruchsgruppen) und allen sonstigen
Interessensgruppen nicht mehr so einfach hingenommen
und akzeptiert. Wenn sich jedoch gleich zu Beginn eines
Projektes alle Dimensionen der Nachhaltigkeit zu einem
mächtigen Strom vereinigen, dann wird die Abfahrt zur
„Straße der Nachhaltigkeit" sofort gefunden und kann
sicher befahren werden.

Wie in jedem Kreisverkehr sind alle Arme gleich-
berechtigt und bei einem gemeinsamen Ausgang, der
„Straße der Nachhaltigkeit", spielt es im Prinzip keine
Rolle, wer von wo kommt und wer zuerst in den Kreisel
einfährt.

Ich möchte das „keine Rolle" relativieren, denn ich
komme immer mehr zu der Überzeugung, dass, wie
in meinem Bild dargestellt (nicht bewusst, sondern

unterbewusst, mein Wort drauf), die soziale Komponente richtigerweise als zweite Dimension in den Kreisverkehr eintritt, wenn der ökonomische Rahmen erst einmal klar ist. Egal, welches Nachhaltigkeitsmanagement wir später auch betrachten werden, immer stoßen wir auf die an sich simple Tatsache, dass kein noch so gut ausgefeiltes ökonomisches oder ökologisches Konzept auf Dauer (nachhaltig) funktioniert, wenn der Faktor Mensch nicht oder nicht in ausreichendem Maß berücksichtigt wurde.

Es hat mit der Begeisterungsfähigkeit und der visionären Kraft zu tun, die in jedem von uns steckt. Wenn es gelingt, eine Gruppe Menschen von der Wichtigkeit und Sinnhaftigkeit einer Maßnahme, eines Projektes, einer Aktion in einer Art und Weise zu überzeugen, die ihr Innerstes, ihre Wünsche und Träume anspricht, dann kann diese Gruppe Dinge vollbringen, die mit den üblichen finanziellen Anreizsystemen und Appellen an die Verantwortung des Einzelnen an der Erhaltung der Umwelt, nie und nimmer erreicht werden. Das hat wahrscheinlich jeder von uns schon einmal erlebt und so können wir nachvollziehen, wie es sich anfühlt, zu einer nicht ausgesprochenen und dennoch existierenden geistigen Einheit zu gehören.

Ich kann nicht genau erklären, warum dies so ist, das könnten Soziologen bestimmt viel besser. Doch auch wenn ich es nicht erklären kann, Sie und ich können diesen Effekt klar erkennen und im Lichte dieser Erkenntnis auch gezielt damit arbeiten.

Erinnern Sie sich an die Geschichte von Felix und seinem Meister? Das Verständnis von Felix zum System der Nachhaltigkeit und dem, was sein Meister und er seit vielen Monaten taten, kam ihm erst dann, als ihm Carlowitz die Kernelemente so anschaulich erzählte, dass im Kopf von Felix ein stimmiges Bild entstand, das für ihn logisch und plastisch war. Für uns bringt der Kreisverkehr der Nachhaltigkeit das stimmige Bild, denn es visualisiert die Gleichwertigkeit der drei Dimensionen der Nachhaltigkeit und die Notwendigkeit, dass sie sich vereinen.

So wie Carl von Carlowitz (und sein Lehrling Felix) vor dem Problem des Holzmangels und dem damit verbundenen Wohlstand standen, so stehen wir heute vor der großen Herausforderung eines globalen Klimawandels und seinen Folgen für alle Bereiche der Gesellschaft. Den Lösungsansatz hat uns Carlowitz bereits gegeben, wir müssen ihn nur für unsere heutigen Verhältnisse ausgestalten!

Ich möchte noch ein weiteres Bild einführen, das wir im weiteren Verlauf immer wieder verwenden werden. Es ist ein Rucksack (siehe Abb. 2.3), in den wir alle Werkzeuge und Tools legen werden, die wir uns im Laufe des Buches erarbeiten.

Anfangs ist dieser noch leer, aber Sie werden sehen, wenn wir zum Ende des Buches kommen, wird er mit einer Menge nützlicher Werkzeuge gefüllt sein, die zu einem praxisbezogenen Nachhaltigkeitsmanagement notwendig sind und die Sie nutzen können. Das Bild eines Rucksacks mit den notwendigen Werkzeugen und Tools habe ich vor vielen Jahren im Rahmen eines Managementseminars vermittelt bekommen und für mich als nützlich angenommen. Es ist ein geistiges Hilfsmittel, gerade in schwieriger Situation.

Ich rufe mir in einer solchen Situation ins Gedächtnis, wie viel erprobte und wirksame Werkzeuge ich im Laufe der Jahre doch gesammelt und zur Verfügung habe. Dann wähle ich das für die jeweilige Situation am besten geeignete Werkzeug aus und wende es bewusst und gezielt an. Es ist wie gesagt nur ein geistiger Trick, aber er funktioniert und ich kann Sie nur ermuntern, es auszuprobieren.

Abb. 2.3   Rucksack des Nachhaltigkeitsmanagers

Bevor wir anfangen, unseren Rucksack zu füllen, sollten wir uns zuerst jedoch die Ausgangslage vor Augen führen, die uns dazu bringt, das mächtige System der Nachhaltigkeit in der Praxis anwenden zu wollen.

Quellenverweis und Anmerkungen
1. https://www.goodreads.com/quotes/3191123-it-is-in-apple-s-dna-that-technology-alone-is-not.

3

Die Anpassung an den Klimawandel und seine Folgen erfordern Nachhaltigkeit

Es wurde ja lange bestritten, dass wir gegenwärtig den Beginn einer globalen Erwärmung unseres Planeten mit einem damit einhergehenden globalen Klimawandel erleben. Inzwischen sind diese Stimmen weitgehend verstummt. Ausnahmen gibt es natürlich, wie wir aus den Äußerungen mancher republikanische Politiker in den USA und anderswo entnehmen können. Das sind beratungsresistente Menschen, denen wir auch in diesem Buch noch öfters begegnen werden. Sie werden erst die Existenz eines stattfindenden Klimawandels akzeptieren, wenn ihre Villa in Florida unter Wasser steht. Für alle anderen Menschen sind die Folgen des bereits statt-findenden Klimawandels jedoch unübersehbar.

Dank der vielen Satellitenaufnahmen, aber auch durch zahlreiche Fotovergleiche kann sich nun jeder in seinem eigenen Umfeld davon überzeugen, wie sich die Land-schaft durch die Erderwärmung in den letzten Jahrzehnten verändert hat. Sie finden im Internet viele Fotos zum

© Springer-Verlag GmbH Deutschland, ein Teil von Springer Nature 2022
M. Wühle, *Nachhaltigkeit messbar machen*,
https://doi.org/10.1007/978-3-662-66047-8_3

Thema, eine gute Adresse dafür ist die Seite der Gesellschaft für ökologische Forschung e. V. mit einem sehr eindrucksvollen Fotovergleich vom Zugspitzgletscher[1].

Ich beobachte neue Tierarten in meiner Heimat Bayern, die ich als Kind nie zu Gesicht bekommen habe. Kennen Sie das Taubenschwänzchen *(Macroglossum stellatarum)*? Das ist ein Falter, den man aufgrund seines auffälligen Flugverhaltens mit einem Kolibri verwechseln kann und der mit seinem langen Rüssel im Stehflug Nektar aus den Blüten saugt. Diese Falter sind in den letzten Jahren bei uns immer öfter zu sehen, weil sie auf Grund der Klimaerwärmung in immer nördlicheren Gebieten erfolgreich überwintern können.

Auch die Baumgrenze in den Bergen hat sich deutlich nach oben verschoben. Lag sie Mitte des 19. Jahrhunderts noch bei knapp 2200 m Seehöhe, so findet man inzwischen Jungwuchs von Zirben in Höhen um 2400 m. Die sogenannte subarktische Baumgrenze – der Bereich, wo aufgrund der durchschnittlichen Temperaturen überhaupt noch Bäume wachsen können – verschiebt sich ständig nach Norden.

Der Permafrostboden taut mit zunehmender globaler Erwärmung auf und dadurch werden neben anderen Effekten gewaltige Mengen von Treibhausgasen, insbesondere Methan freigesetzt, die bisher im gefrorenen Boden gebunden waren. Manche Forscher sprechen inzwischen davon, dass dies allein die Hälfte alles bisher durch den Menschen in die Atmosphäre geblasenen Kohlendioxids sein wird (ca. 190 Mrd. t) und den Treibhauseffekt noch mal anheizt.

Dass die Starkwetterereignisse[2] weltweit zunehmen, bekommt jeder über die Medien mit, der nicht bewusst wegsieht. Wird die berühmte 2-Grad-Grenze zu halten sein? Diese Grenze der globalen Erderwärmung, die alle namhaften Klimaforscher für das Maximum halten, unter der die Folgen des Klimawandels noch beherrschbar bleiben. Und das ist eine rein fiktive Grenze, ein politischer Kompromiss. Aber auch diese Grenze werden wir meiner Meinung nach bald überschreiten, denn die belastbaren Aussagen der Länder mit den größten Treibhausgasemissionen zu Reduzierungs- oder Kompensationsmaßnahmen bleiben eher vage.

Doch meine Meinung ist hier nicht entscheidend. Ob die 2-Grad-Grenze nun gehalten werden kann oder nicht, wir alle müssen uns mit den zu erwartenden und vorhersehbaren Folgen des Klimawandels befassen und gerade wir Nachhaltigkeitsmanager[3] sind hier gefragt. Die Abschwächung und Schadensminderung (englisch: Mitigation) der nicht mehr zu vermeidenden Folgen des Klimawandels, wie Starkwetterereignisse, Überschwemmungen und veränderte Flora und Fauna muss in unserem Fokus sein. Der Aufbau eines Risikomanagements aus dem Blickwinkel der Nachhaltigkeit kann hier ein idealer Aufsatzpunkt sein.

Wenn wir daher als Nachhaltigkeitsmanager eine Organisation, ein Unternehmen, Politiker oder wen auch immer beraten, dann sollten wir stets die folgenden fünf Fragen[4] zur Anpassung an den Klimawandel stellen:

1. Hat die Organisation ein Risikomanagement aufgebaut?
   Ein Risikomanagement zur Abfederung und Entschärfung der Risiken aus dem Klimawandel haben die wenigsten Unternehmen. Dabei ist es wirklich nicht schwer, eines aufzubauen. Mittels einer SWOT-Analyse (siehe Anhang 1) und/oder einer Sustainability Balanced Scorecard (BSC, siehe Anhang 7) können mit relativ wenig Aufwand die Risiken aufgenommen, analysiert und in ein Risikomanagement übernommen werden. Dabei sollten auch die zukünftigen globalen und örtlichen Klimaprognosen

berücksichtigt werden. Danach erfolgt die Identifizierung der Risiken (aber auch der Chancen) für die Organisation. (Die SWOT-Analyse und die BSC wandern nun als erste Tools in unseren Rucksack.) *Daraus können dann wiederum geeignete Maßnahmen zur Schadens-minimierung und zur Entschärfung der Risiken abgeleitet werden. Im Fokus steht hier die ökonomische Dimension der Nachhaltigkeit.*

2. Berücksichtigt die Organisation die Auswirkungen des Klimawandels auf uns und alle Menschen?

   Dies ist wichtig bei der Planung der Land- und Flächen-nutzung sowie bei der Gestaltung/Architektur der Infra-struktur und der Gebäude und natürlich auch bei der Instandhaltung (Themen wie Nutzung von Greywater, Notwendigkeit von Klimaanlagen, Nutzung von Wärme-pumpen anstelle konventioneller Heizungs- und Kälte-anlagen usw.). Neben Ressourcenschonung und dem Einsatz Erneuerbarer Energien wird hier besonders die soziale und die gesellschaftliche Dimension angesprochen.

3. Unterstützt die Organisation regionale und globale Maßnahmen zur Reduzierung von Überflutungen?

   Diese Frage wird immer wichtiger werden, denn Starkregen mit den entsprechenden Überflutungen nehmen bereits jetzt enorm zu und werden aller Wahrscheinlichkeit noch stärker werden.[5] Das bedeutet auch, dass der natürliche Hoch-wasserschutz wie der Ausbau von Feuchtgebieten eine große Bedeutung hat. Damit einhergehend muss die Flächenver-siegelung in Städten und Gemeinden verringert werden und da können wir als Nachhaltigkeitsmanager und Berater von Kommunen viel tun (siehe auch Abschn. 6.7, Besonderheiten bei Kommunen). Die Überschwemmungen der letzten Jahre in Deutschland haben gezeigt, dass sogenannte Jahrhunderthochwasser jetzt alle paar Jahre zu erwarten sind. Gezähmte Flüsse ohne ausreichende Über-flutungsflächen werden eine zunehmende Gefahr.

4. Trägt die Organisation zur ökologischen Bewusstseins-schärfung bei?

Gemeint ist die Schärfung des Bewusstseins durch Bildung. Dabei sollen die Menschen zu der Erkenntnis kommen, dass die Entschärfung drohender Risiken durch den Klimawandel mittels vorbeugende Maßnahmen alternativlos ist. Es soll auch eine entsprechende Aktionsbereitschaft der Gesellschaft als Ganzes damit erreicht werden. Aus dem Bewusstsein, dass eine intakte Umwelt Voraussetzung für unser Wohlergehen ist entspringen dann Visionen und Ideen zu Nachhaltigkeitsprojekten in allen drei Dimensionen.

5. Werden Gegenmaßnahmen eingeleitet?

Werden Gegenmaßnahmen zu bestehenden oder zu erwartenden Auswirkungen eingeleitet? Gefordert ist ein Beitrag im eigenen Einflussbereich, sodass die Anspruchs-gruppen (Stakeholder) des Unternehmens/Organisation Kompetenzen und Fähigkeit zur Anpassung aufbauen.

> Verwenden Sie zur Klärung dieser Fragen die Checkliste im Anhang 8 und fügen Sie diese gleich Ihrem Tool-Rucksack hinzu. Diese Checkliste ist Teil meiner Nachhaltigkeitszertifizierung für Organisationen (Abb. 3.1).
>
> Näheres zu dieser Zertifizierung „Sustainability. Now®" finden Sie auf meiner Homepage unter https://nachhaltigkeit-management.de.

Nachdem Sie diese Fragen für Ihre Organisation beantwortet haben, können Sie eine SWOT-Analyse durchführen. SWOT steht für das englische Akronym Strength [Stärken], Weaknesses [Schwächen], Opportunities [Chancen] und Threats [Gefahren]. Sie können auch in einer erweiterten Sustainability Balanced

Abb. 3.1 Beispiel einer Nachhaltigkeitsmarke

Scorecard die richtigen Schlussfolgerungen und Ansätze zusammentragen. Diese werden benötigt, um die Organisation, das Unternehmen auf die spezifischen Folgen des Klimawandels einzustellen. Ein Beispiel dazu finden Sie wie bereits erwähnt im Anhang 1.

Fragen führen zu Antworten. Wie wir die richtigen Fragen stellen, die unsere Nachhaltigkeitsprojekte beflügeln besprechen wir später im Kapitel zum Nachhaltigkeitsmanager.

Wenn nun eine Organisation – sei es ein Wirtschaftsunternehmen, eine Kommune, ein Konzern, ein Verein – sich die Fragen zu den Folgen des Klimawandels gestellt hat und sich dementsprechend für die Zukunft neu ausrichtet, dann hat diese Organisation eine Fähigkeit erworben, die ich gern als Enkeltauglichkeit bezeichne. Ich mag diesen Begriff sehr, denn darunter können wir uns gefühlsmäßig einfach viel mehr vorstellen als unter dem Begriff Nachhaltigkeit oder Sustainability. Bei Enkeltauglichkeit weiß jeder von uns, was damit gemeint ist, da bedarf es keiner weiteren Erläuterungen.

Der vom Menschen verursachte Klimawandel kann bei allen seinen negativen Auswirkungen einen starken Impuls an Unternehmen und Staaten in Richtung Nachhaltigkeit geben. Als logische Konsequenz wird zu Beginn ein Risikomanagement aufgebaut um die voraussichtlichen

Auswirkungen des Klimawandels einigermaßen beherrschbar zu machen. Ein Risikomanagement kann aus dem Blickwinkel der Nachhaltigkeit ein wichtiger Aufsatzpunkt sein, um ein komplettes Nachhaltigkeitsmanagement für die betroffene Organisation aufzubauen. Dazu später mehr.

Was für Organisationen gilt, gilt in abgewandelter Weise auch für jeden Einzelnen von uns. Mit unserem Konsumverhalten und mit unserem Verhalten bezüglich Energie und Treibstoff sind wir Konsumenten die entscheidende Kraft, die Organisationen oftmals erst dazu bringen, über einen Weg in Richtung Nachhaltigkeit ernsthaft nachzudenken.

Quellenverweis und Anmerkungen
1. http://www.gletscherarchiv.de/fotovergleiche/gletscher_liste_deutschland.
2. Detaillierte Informationen z. B. beim Deutschen Wetterdienst, www.dwd.de.
3. Aus Gründen der besseren Lesbarkeit wird im Folgenden auf die gleichzeitige Verwendung weiblicher und männlicher Sprachformen verzichtet und das generische Maskulinum verwendet. Sämtliche Personenbezeichnungen gelten gleichermaßen für beide Geschlechter.
4. siehe DIN ISO 26000, Leitfaden zur gesellschaftlichen Verantwortung.
5. Siehe „Turn down the Heat", http://www.worldbank.org/en/topic/climatechange/publication/turn-down-the-heat.

4

Ein verändertes Konsumverhalten führt zur Nachhaltigkeit

Der Aufbau eines Risikomanagements als Antwort auf den Klimawandel und seine Folgen ist für Unternehmen in jedem Fall zu empfehlen. Ob das auch für uns als Person notwendig und sinnvoll ist muss jede:r von selbst entscheiden. Wer beispielsweise in einer Gegend lebt, die von Hochwasser gefährdet ist, sollte sich auf jeden Fall Gedanken für den Fall der Fälle machen. Doch auch wenn für uns als Person ein Risikomanagements nicht erforderlich ist, so trägt doch unser Konsumverhalten stark dazu bei, stabilisierend im Sinne der Nachhaltigkeit zu wirken.

Noch nie in unserer Geschichte hatten wir Konsumenten so viel Einfluss auf die Produktion und den Handel von Verbrauchsgütern. Die vernetzte und globalisierte Welt ermöglicht uns eine fast unmittelbare Kommunikation, den Informationsaustausch über die Produkte, die wir wollen, die wir kaufen und die wir gern hätten. Durch unser Kaufverhalten und insbesondere durch unser Nichteinkaufsverhalten können wir buchstäb-

© Springer-Verlag GmbH Deutschland, ein Teil von Springer Nature 2022
M. Wühle, *Nachhaltigkeit messbar machen*,
https://doi.org/10.1007/978-3-662-66047-8_4

lich die Welt verändern. Stellen wir uns vor, jeder von uns würde sich freiwillig auf die Einhaltung von Nachhaltigkeitskriterien bei seinem Konsumverhalten verpflichten. Dieser private Nachhaltigkeitskodex würde viele festgefahrene und schädliche Strukturen unserer Gesellschaft bis in die Grundfesten erschüttern.

Stellen wir uns doch einmal einen passenden Nachhaltigkeitskodex zusammen und wenden ihn dann auf unserer persönliches Konsumverhalten an. Ich verwende dazu als Grundgerüst den deutschen Nachhaltigkeitskodex[1], Sie können natürlich auch gerne einen anderen nehmen; die wesentlichen Elemente, die wir für unseren persönlichen Nachhaltigkeitskodex brauchen, sind überall ähnlich.

1. PERSÖNLICHE NACHHALTIGKEITSSTRATEGIE
   Wir überlegen uns, welche Aspekte der Nachhaltigkeit einen wesentlichen Einfluss auf unser Konsumverhalten haben, welche persönlichen Nachhaltigkeitsziele wir uns setzen und wie wir deren Erreichungsgrad kontrollieren können. Dabei berücksichtigen wir insbesondere die regionale Wertschöpfung, die aus einem nachhaltigen Konsumverhalten entstehen kann.

2. INANSPRUCHNAHME VON NATÜRLICHEN RESSOURCEN
   Wir machen uns den Umfang an natürlichen Ressourcen klar, den wir in unserem Haushalt in Anspruch nehmen. Dazu gehören an erster Stelle der Wasser- und Energieverbrauch sowie die Abfallmengen, die wir jährlich produzieren. Wir überlegen uns, wie wir mit diesen Ressourcen sparsamer umgehen und den Verbrauch reduzieren können. Dazu setzen wir uns qualitative und quantitative Ziele. Falls wir dazu in der Lage sind, errechnen wir unseren eigenen CO_2-Fußabdruck für unsere Familie/Haushalt und

setzen uns selbst Ziele zur Reduktion der von uns verursachten Emissionen (es gibt zahlreiche Rechentools für diesen Zweck im Internet, z. B. WWF[2], oder bei Carbonfootprint[3]).

3. GESELLSCHAFT

Wir überlegen uns, welche Auswirkungen unser Konsumverhalten auf die Lieferkette der Produkte hat, die wir konsumieren. Damit nehmen wir Einfluss darauf, dass zukünftig die Menschenrechte weltweit mehr geachtet und Zwangs- und Kinderarbeit sowie jegliche Formen der Ausbeutung verhindert werden. Wir machen uns Gedanken darüber, welchen Beitrag wir zum Gemeinwesen in unserer Region beitragen bzw. in der Zukunft beitragen wollen.

> Wenn Sie das Thema Nachhaltigkeit nun in Ihrem Haushalt gemeinsam mit Ihrer Familie angehen wollen, empfehle ich Ihnen, diese drei Punkte für sich, Ihre Familie, Ihren Haushalt und Ihre regionalen Verhältnisse schriftlich festzuhalten. Schreiben Sie sich die drei Punkte ab und notieren sich jeweils darunter, was dies im Einzelnen konkret für Sie bedeutet und welche Ziele Sie sich setzen wollen.

Gut, nun haben wir unseren eigenen Nachhaltigkeitskodex aufgestellt. Es fallen Ihnen bestimmt jede Menge Dinge ein, die für Sie und Ihre Familie wichtig und erreichbar sind. Viele dieser Ziele und Maßnahmen werden Sie nichts kosten, bei anderen kommt die notwendige Investition früher oder später wieder zurück und bei wieder anderen werden Sie bewusst auch mehr ausgeben, wenn Sie von der Notwendigkeit überzeugt sind und es sich leisten können. Einige Themen möchte ich jedoch an dieser Stelle ansprechen und empfehle Ihnen, diese mit ins Kalkül zu ziehen.

- **Energieverbrauch und Energie-Effizienz**
  Diesen Punkt haben Sie bestimmt schon als einen
  der ersten aufgenommen, denn er ist ein Hebel, den
  Sie sofort und anfangs auch völlig ohne Kosten einsetzen können. Machen Sie sich eine Liste der (vermut-
  lich) größten Energieverbraucher in Ihrem Haushalt
  und überlegen Sie sich, welche Einsparungen Sie hier
  realisieren könnten. Bei den permanent steigenden
  Energiepreisen reden wir hier von barem Geld, das
  Sie auf diese Weise einfach sparen können. Nachdem Sie die offensichtlich größten Energieverbraucher
  identifiziert und sich überlegt haben, wie Sie Energie
  reduzieren bzw. die Energie effizienter einsetzen
  könnten, bleiben sicherlich noch etliche Verbraucher,
  die Sie nur schwer einschätzen können. Hier bieten
  sich handliche Energie-Monitore an, die wenig Geld
  kosten (Geräte zwischen 15 und 50 EUR) und die,
  zwischen Verbraucher und Steckdose gesteckt, Ihnen
  alle Daten liefern, die Sie zur Beurteilung brauchen.
  Ich verwende hierzu ein etwas teureres Gerät von ELV,
  aber auch günstige Geräte wie zum Beispiel das von
  Arendo erfüllen ihren Zweck. Werden diese Geräte
  einige Wochen am gleichen Verbraucher betrieben,
  bekommen Sie auch eine wirklichkeitsnahe Jahres-
  abschätzung geliefert. Sie werden überrascht sein, wie
  viel Geld da in Ihrem Haushalt zusammenkommt!
  Erfassen Sie nun die wichtigsten Energieverbraucher
  in Ihrem Haushalt und identifizieren Sie vermeid-
  bare Energiefresser! Um Ihnen die Arbeit damit zu
  erleichtern, habe ich im Anhang 13 eine entsprechende
  Checkliste eingefügt, die Sie sofort für Ihre Datenerfassung und Bewertung der Energieverbraucher verwenden können.

- **Erneuerbare Energien**
  Wenn Sie stolzer Besitzer eines Eigenheims sind, dann haben Sie vielleicht schon eine eigene Photovoltaik-Anlage. Wenn nicht, sollten Sie sich das im Zusammenhang mit einem Stromspeicher ernsthaft überlegen. Die Gestehungskosten pro kWPeak[4] für PV-Module, Wechselrichter und inzwischen auch für Stromspeicher sind inzwischen deutlich unter die Strompreise gesunken, wenn man über eine 15- bis 20-jährige Nutzungsperiode der PV-Anlage rechnet. Maximierung des Eigenverbrauchs und intelligente, hausbezogene SmartGrids[5], das sind die Zauberworte, die die Energiewende erst wirklich Realität werden lassen. Unabhängig von staatlichen Fördermodellen ist die selbst erzeugte Energie wirtschaftlicher als der Fremdbezug, wenn die Anlagen richtig dimensioniert und projektiert werden. Das gilt insbesondere für Photovoltaik, Photothermische Anlagen, Hackschnitzelheizungen, Wärmepumpen und Kleinwindanlagen.

- **Ernährung**
  Wir essen zu viel Fleisch, wenn wir es uns leisten können. Auch wenn der Verbrauch in Deutschland ständig sinkt, kommt jeder im Durchschnitt noch auf 55 kg Fleisch pro Jahr (https://www.ble.de/SharedDocs/Pressemitteilungen/DE/2022/220330_Versorgungsbilanz-Fleisch.html). Das ist nicht nur relativ ungesund, wenn man der nicht verstummenden Mahnung der Ärzte Glauben schenken mag. Es ist auch unter Nachhaltigkeitsaspekten bedenklich. Wer hat nicht schon entsetzliche Bilder von den Auswüchsen der Massentierhaltung gesehen? Normalerweise sehen wir da gar nicht hin, denn wer will schon bei brutalsten Tötungen von Tieren zusehen und das Leiden der Kreaturen mitfühlen? Nein, das wollen wir in aller Regel nicht; wir wollen unser billiges Fleisch aus dem Supermarkt

und ansonsten in Ruhe gelassen werden. Ich möchte jetzt keine Moralpredigt halten, denn auch ich bin ein Fleischesser und werde das wohl auch immer bleiben. Jedoch könnte eine Reduzierung unseres Fleischkonsums, zumindest auf lange Zeit gesehen, hier die Verhältnisse wieder ins rechte Maß rücken. Der große Fleischverbrauch bringt jedoch auch noch andere Probleme mit sich. Die Ausscheidungen dieser riesigen Rinder- und Schweinebestände tragen mit den daraus resultierenden Methanemissionen (stinken tut es auch noch) nach derzeitigem Stand mit etwa 18 % zur Gesamtemission von Treibhausgasen bei, die ursächlich auf menschliche Aktivitäten zurückzuführen sind.[6] Die Viehwirtschaft verantwortet damit rund ein Fünftel aller Treibhausgasemissionen, das ist ungefähr so viel wie der gesamte Verkehrssektor. Und noch ein Problem geht mit dem enormen Fleischverbrauch einher: die Flächenkonkurrenz. Werden mehr und mehr Flächen für die Futterproduktion in Anspruch genommen, bleibt weniger Fläche für Gemüse- und Obstbauern. Hungersnöte[7] sind die Folge und in deren Folge Verelendung, Flucht und Kriege. Nach Untersuchungen des WWF sind über ein Drittel des weltweit angebauten Getreides für die Fütterung von Nutztieren bestimmt.

Konsequent wäre somit eine vegane Ernährung, denn nur auf vegetarisch umzustellen, wäre dann eher sowas wie eine Mogelpackung, denn für die bei Vegetariern (und bei mir) so beliebten Milchprodukte ist die ständige „Produktion" von Kälbern erforderlich, damit die Kühe genügend Milch geben. Ich denke, der Trend geht in Richtung vegane Ernährung, was aber nicht bedeuten muss, dass wir jetzt alle Veganer werden müssen. Wenn sich jeder in seinem persönlichen Nachhaltigkeitskodex persönliche Fleischreduzierungsziele setzt und entsprechend sein Einkaufsverhalten ändert, dann kann das schon viel bewirken.

- **Einkaufsverhalten**
  Eine Sache, die wir alle sehr einfach angehen könnten,
  ist die deutliche Reduzierung von Lebensmitteln, die
  täglich trotz bestem Zustand weggeschmissen werden,
  weil die Mindesthaltbarkeitsdauer (MHD) abgelaufen
  ist. Allein in Deutschland werden jährlich 18 Mio. t
  Lebensmittel in den Müll geworfen!
  Die MHD suggeriert uns, dass das entsprechende
  Lebensmittel nach Ablauf des aufgedruckten Datums
  schlecht und ungenießbar ist. Wenn dies auch
  bestimmt nicht beabsichtigt war, so geht es doch jedem
  von uns so, dass man die Milchtüte, die im Kühlregal
  ganz vorne steht, ignoriert und sich eine von weiter
  hinten nimmt. Dieses Verhalten analog bei Käse,
  Butter, Joghurt usw. können wir aber ändern und damit
  langfristig auch die Produktionszyklen, was wiederum
  zu weniger „Abfall" führen würde. Und wer weiß,
  vielleicht gehen wir ja mal von diesem missverständ-
  lichen MHD weg und nehmen wie in der englischsprachigen Welt so etwas wie „best before". Ein anderer
  Name und schon landet deutlich weniger im Müll.
  Was ich damit sagen will, ist, dass wir als Konsumenten
  es an dieser Stelle in der Hand haben, wie viel wertvolle Lebensmittel umsonst produziert und wieder weggeschmissen werden, obwohl es auch in unserer satten
  westlichen Welt genug Hunger und Armut gibt. Neben
  der Haltbarkeit bei Lebensmitteln sollten auch die Her-
  kunft und die Produktionsverhältnisse wichtig für unser
  Einkaufsverhalten sein. Verbraucherverbände prüfen
  regelmäßig die zahlreichen Label und Gütesiegel, die
  uns Konsumenten zumindest einen Anhalt geben, ob
  das Produkt auch unter ethischen Gesichtspunkten in
  Ordnung ist. Wir Konsumenten haben es in der Hand,
  die Welt in dieser Hinsicht zum Besseren zu verändern.
  Es wäre, wenn Sie so wollen, ein strategischer Ansatz im
  privaten Konsumverhalten.

Diese Einstellung zum Konsumverhalten im privaten Bereich führt im unternehmerischen Bereich zur Entwicklung einer Nachhaltigkeitsstrategie für die jeweilige Organisation.

Quellenverweis und Anmerkungen

1. Siehe www.deutscher-nachhaltigkeitskodex.de.
2. Siehe http://wwf.klimaktiv-co2-rechner.de/de_DE/popup/.
3. Siehe http://www.carbonfootprint.com/calculator1.html.
4. Kilowatt Peak, Messgröße für die maximale Leistung einer PV-Anlage oder eines PV-Moduls.
5. Bezeichnung für ein *intelligentes* Stromnetz, das eine Optimierung und Überwachung der verbundenen Bestandteile ermöglicht.
6. Siehe https://www.wwf.de/fileadmin/fm-wwf/ Publikationen-PDF/Landwirtschaft/Klimaerwaermung-durch-Fleischkonsum.pdf.
7. Siehe http://albert-schweitzer-stiftung.de/aktuell/welthunger-entwicklungspolitik-fleischfrage.

5

Wege zur besten Nachhaltigkeitsstrategie finden

Wir wissen, was Nachhaltigkeit bedeutet: Nur so viel Holz schlagen, wie auch nachwachsen kann. Vom Ertrag und nicht von der Substanz leben. Mit Blick auf die Gesellschaft heißt das: Jede Generation muss ihre Aufgaben lösen und darf sie nicht den nachkommenden Generationen aufbürden. Mit dieser Aussage, die uns an Hans Carl von Carlowitz und seine grundlegende Arbeit erinnert, beginnt die nationale Nachhaltigkeitsstrategie Deutschlands.[1]

Ja, nur so viel Holz schlagen wie nachwachsen kann. Für einen gefällten Baum drei neue anpflanzen. Ich denke, wir sind uns über dieses Grundprinzip einig. Für unsere Arbeit, unser Projekt im Bereich des Nachhaltigkeitsmanagements brauchen wir jedoch auch eine Strategie, die auf den Grundlagen von Carlowitz basiert und individuell für das jeweilige Projekt angepasst und formuliert wird. Die Basis einer funktionierenden Nachhaltigkeitsstrategie ist zunächst einmal die Erkenntnis, dass das betroffene

© Springer-Verlag GmbH Deutschland, ein Teil von Springer Nature 2022
M. Wühle, *Nachhaltigkeit messbar machen,*
https://doi.org/10.1007/978-3-662-66047-8_5

Unternehmen (oder auch die Gesellschaft) dazu einen Transformationsprozess durchlaufen muss, der weg von einem rein betriebswirtschaftlich geprägten Ansatz zu einer nachhaltigen Unternehmensform führt. Effizienz und Alleinstellungsmerkmale sind hier die Zauberworte.

5.1 Transformation durch Effizienz und Suffizienz

Unter Effizienz kann sich jeder von uns etwas vorstellen, doch was ist mit Suffizienz gemeint? Das richtige Maß zu halten, ist meiner Meinung nach eine recht gute Übersetzung. Es bedeutet auch die Abkehr des bisher gerade zwanghaft diktierten ewigen Wachstumspfades. Die Erkenntnis, dass sich mit Maßhaltung, mit dem Verzicht darauf, immer mehr Ressourcen verbrauchen zu müssen, sich auch ein zufriedenes Leben führen lässt, ist Grundlage jeder Nachhaltigkeitsstrategie. In Rio de Janeiro wurde 1992 der „Rio-Prozess der nachhaltigen Entwicklung" gestartet. Die internationale Staatengemeinschaft verständigte sich darauf, die Ressourcen der Erde künftig so behutsam zu nutzen, dass alle Länder der Erde gerechte Entwicklungschancen erhalten, die Entfaltung zukünftiger Generationen aber nicht geschmälert werden.

Die Agenda 21, das Aktionsprogramm für das 21. Jahrhundert wurde beschlossen. Es enthält in 40 Kapiteln Handlungsempfehlung zur nachhaltigen Bewirtschaftung von Ressourcen. Zehn Jahre nach Rio wurde in Johannesburg 2002 Bilanz gezogen und es wurden folgende Themen ins Zentrum gerückt:

- Ressourcenschonung und Ressourceneffizienz
- Globalisierung und nachhaltige Entwicklung
- Armut und Umwelt

- Stärkung der Vereinten Nationen in den Bereichen Umwelt und nachhaltige Entwicklung
- Finanzen
- Technologietransfer

Seitdem sind wir immer noch auf der Suche nach Transformationsstrategien zu einem nachhaltigen Modell für Staaten und Unternehmen. Dies bedeutet auch eine Abkehr von der bisherigen, rein betriebswirtschaftlich orientierten Handlungsweise. Transformation durch Effizienz und Suffizienz wird hier als Lebens- und Wirtschaftsweise verstanden, die dem übermäßigen Verbrauch von Gütern und Energie ein Ende setzt. Damit wird Öko-effizienz und Konsistenz erreicht, also die Vereinbarkeit von Natur und Technik.

5.2 Ressourceneffizienz spart Material und Energie

Ressourceneffizienz (RE) – der schonende und effiziente Umgang mit natürlichen Ressourcen (in Form von Senkung des Energie-, Materials und Wasserverbrauchs) – rückt immer mehr in den Fokus von ökonomischen, ökologischen und sozialen Prozessen. Ressourceneffizienz wird definiert als das Verhältnis eines bestimmten Nutzens oder Ergebnisses zum dafür nötigen Ressourceneinsatz. Das Bundesumweltministerium[2] umschreibt das Ziel mit dem Slogan „Aus weniger mehr machen". Das bedeutet, dass Wachstum und Wohlstand von der Verwendung natürlicher Ressourcen so weit wie möglich entkoppelt werden sollen. Dadurch soll die Wettbewerbsfähigkeit gestärkt und der Ressourceneinsatz gesenkt werden, um daraus entstehende Umweltbelastungen zu verringern.

Ressourceneffizienz ist für Unternehmen aller Art und Größe wichtig geworden:

- Durch die Einleitung von RE-Maßnahmen werden Wettbewerbsvorteile erzielt.
- Ressourceneffizienz ist Vorbereiter einer Kreislaufwirtschaft.
- Nahezu branchenübergreifend nimmt rund jedes zweite Unternehmen den zunehmenden Kundendruck und die damit verbundene Notwendigkeit zu mehr Effizienz wahr.
- Wegen Kundendruck und aus eigener Überzeugung werden RE-Maßnahmen entwickelt und umgesetzt.
- Viele Unternehmen sehen Ressourceneffizienz inzwischen als Teil der Marketingstrategie in ihrer Branche.

Durch Ressourceneffizienz kann der Material- und Energieverbrauch bei der Produktion und bei Prozessen deutlich verringert werden. Damit werden auch die Produktionskosten reduziert und gleichzeitig ein Beitrag zum Umwelt- und Klimaschutz geleistet. Ressourceneffizienz ist somit eine strategische Schlüsselkompetenz für alle Organisationen, die sich auf den Transformationspfad in Richtung Nachhaltigkeit begeben.

5.3 Alleinstellungsmerkmal Nachhaltigkeit

Nachhaltigkeit als Alleinstellungsmerkmal? Ja, denn inzwischen spielt das verstärkte Umwelt- und Verantwortungsbewusstsein der Konsumenten eine große Rolle für deren Kaufentscheidungen. Wir Konsumenten gehen Produkten und Dienstleistungen auf den Grund, um herauszufinden, wie viel Nachhaltigkeit hinter dem Produkt / der Dienstleistung und dessen Unternehmen steckt. Wer seine Kunden mit „grünen" Slogans täuscht, wird sie verlieren, anstatt sie an sich zu binden.

Unternehmen müssen ihren USP (Unique Selling Proposition = Alleinstellungsmerkmal) in Sachen Nachhaltigkeit kennen und ihre Strategie klar danach ausrichten – nach innen und außen. Sehr oft wird dabei vergessen diesen USP auch an die Anspruchsgruppen des Unternehmens zu kommunizieren nach dem Motto „Tue Gutes und rede darüber".

Nachhaltigkeit schafft Werte und Vertrauen. Die Bedenken, ob nachhaltiges, enkeltaugliches Handeln einen dauerhaften Unternehmenserfolg möglich macht, sind geringer geworden. Viele Unternehmen haben inzwischen erkannt, dass sie deutlich Kosten sparen können, indem sie ihre Wertschöpfungsketten durchleuchten, Abläufe optimieren, Abfälle reduzieren und auf Ressourceneffizienz setzen. Dieses Verhalten in Richtung Kreislaufwirtschaft wird inzwischen von den Konsumenten genau registriert und positiv gewertet.

Nachhaltigkeit ist zur neuen Business-Moral geworden. Nachhaltigkeit ist für die Kundenbindung bestens geeignet. Sie löst positive Emotionen aus und ist keine Eintagsfliege. Wer also Nachhaltigkeitsthemen mit seiner Marke besetzt, verschafft sich damit einen USP und so auch einen Wettbewerbsvorteil.

Soweit zu den Voraussetzungen und Vorarbeiten für die Erstellung einer erfolgreichen Nachhaltigkeitsstrategie.

Ich möchte nun darauf aufbauend gemeinsam mit Ihnen das Gerüst einer Nachhaltigkeitsstrategie entwickeln, die Sie dann in der Praxis auf Ihre Organisation, auf Ihr Projekt anpassen und ausgestalten können. Wir arbeiten dabei nach der ‚Engpasskonzentrierten Strategie' von Wolfgang Mewes. Die Engpasskonzentrierte Strategie hat vier Prinzipien und sieben Phasen, auf die ich jetzt nicht im Detail eingehen kann, sondern hier nur die Inhalte verwende, die wir für unser Strategiegerüst benötigen. Wer sich näher mit dem Thema beschäftigen möchte, dem empfehle ich die Lektüre der entsprechenden Fachliteratur.[3]

Als ersten Schritt sollten Sie eine SWOT-Analyse der betroffenen Organisation durchzuführen, die Sie auf den Weg zur Nachhaltigkeit führen wollen. Mit der SWOT-Analyse finden und bewerten Sie Schwächen und Stärken der Organisation. Versuchen Sie Ihre SWOT-Analyse auf ein einziges Blatt Papier zu bringen, wie im Anhang 1 dargestellt. **Das zwingt Sie dazu, sich auf die Kernthemen zu beschränken.** Zunächst werden Sie wahrscheinlich viel zu viel Text produzieren. Streichen Sie solange zusammen, bis der Inhalt auf den wahren Kern reduziert ist (die Technik der SWOT-Analyse ist ja hoffentlich schon in Ihrem Rucksack mit den Werkzeugen und Tools!?).

Wenn Sie Ihre SWOT-Analyse fertig haben, dann können wir zum nächsten Schritt kommen. Legen Sie das Blatt mit der Analyse in Sichtweite auf Ihren Schreibtisch, denn wir brauchen es noch des Öfteren.

Wir wollen nun das Gerüst einer engpasskonzentrierten Nachhaltigkeitsstrategie entwickeln. Den ersten Schritt haben wir mit unserer SWOT-Analyse bereits getan. Wir kennen die größten Stärken und Schwächen unserer Organisation. Wir wissen auch, welche Chancen vorhanden sind und welchen Risiken wir uns stellen müssen. Die Erstellung der Analyse haben wir bereits aus dem Blickwinkel der Nachhaltigkeit vorgenommen. Falls Sie das nicht getan haben und eine „normale" SWOT-Analyse gemacht haben, dann gehen Sie noch mal einen Schritt zurück. Es ist sehr wichtig, dass Sie alle drei Dimensionen der Nachhaltigkeit beachten.

Tipp

Sehen Sie sich das Bild des „Tempels der Nachhaltigkeit"
in Anhang 2 an und überlegen Sie sich dabei, welche
Aspekte der drei Säulen für Ihre Organisation zutreffen?
Welche Säule ist stark, welche schwach? Wie ist es um das
Fundament bestellt (Wissen um die gesellschaftliche Verantwortung jeder Organisation)? Hat der Tempel überhaupt ein Dach (Management)?

Nun haben wir die IST-Situation aufgenommen und
kennen insbesondere unsere speziellen Stärken. Als
Nächstes brauchen wir Nachhaltigkeitsziele und eine entsprechende Vision. Diese werden unser Leitbild sein, an
dem wir uns orientieren, mit dem wir uns identifizieren
können und an dem wir alle unsere weiteren Aktionen
ausrichten. Die Vision beantwortet dabei die Fragen:

• Was tun wir heute?
• Warum machen wir das?
• Was wollen wir in der Zukunft machen?
• Was wollen wir in 10, 15, 20 Jahren erreicht haben?

Die Antworten darauf zu finden, ist sicherlich nicht
immer einfach. Es müssen Antworten sein, die zugleich
Ziele beschreiben. Ziele, die uns begeistern, motivieren
und uns das entsprechende Durchhaltevermögen geben.
Nehmen Sie sich deshalb die nötige Zeit. Ich habe selbst
einmal erlebt, wie sich ein Unternehmen auf die Schnelle
eine Vision gegeben hat. Im Rahmen eines Workshops
der Führungskräfte hat der Vorstand in einer Kaffeepause
so mal ganz nebenbei eine Vision und Ziele definiert, die
dann in eine Nachhaltigkeitsstrategie überführt werden
sollten. Diese Nachhaltigkeitsstrategie aufzustellen war
noch das kleinere Problem. Die Umsetzung ist gescheitert,

weil es vorher keine Diskussion gab, keine Möglichkeit, die nach Gutsherrenart vorgegebenen Ziele den eigenen Vorstellungen anpassen zu können. Als der Vorstand dann Vision und Ziele seinen Führungskräften bekannt gab, war der Unmut sehr deutlich spürbar und es gab viel Protest. Ohne Gesichtsverlust konnte der Vorstand nicht mehr zurück und so blieb es dabei; das Resultat in der Umsetzung können Sie sich vorstellen.

Also nehmen Sie sich ausreichend Zeit. Diskutieren Sie eine begeisternde Vision und formulieren Sie anspruchsvolle und gleichzeitig auch erreichbare Ziele!

In unserer Nachhaltigkeitsstrategie kann das Leitbild zum Beispiel die Entwicklung eines neuen innovativen Produkts sein, dessen kompletter Lebenszyklus von der Entwicklung bis zum Recycling-Prozess anhand von umgesetzten Nachhaltigkeitskriterien geprägt ist. Mit so einem Cradle-to-Cradle-Produkt[4] ist dann auch ein Alleinstellungsmerkmal möglich und es bedient den ökonomischen Aspekt sehr gut.

Wir könnten in unsere Vision auch die Reduzierung von Treibhausgasen aufnehmen. So und so viel Tonnen an CO_2-Äquivalenten bis zum Jahr X reduzieren, die durch die Aktivitäten unserer Organisation verursacht werden. Mit der Einführung neuer und energieeffizienter Technologien können diese Reduzierungsziele erreicht werden. Gleichzeitig wird unseren Anspruchsgruppen signalisiert, dass wir zu neuen Ufern aufbrechen.

Ein anderer strategischerer Ansatz wäre eine neue Struktur in der Organisation des Unternehmens, die neben einer größeren Effizienz in den Prozessen einen geringeren Energie- und Ressourcenverbrauch ergibt und den beschäftigten Menschen ein höheres Maß an Flexibilität von Arbeit und Freizeit ermöglicht.

Es finden sich bestimmt unzählige Möglichkeiten für eine begeisternde und motivierende Vision und Sie werden das passende Leitbild für Ihre Organisation sicher finden. Vielleicht habe Sie ja gerade beim Lesen eine zündende Idee dazu gehabt?

An dieser Stelle müssen wir uns nun Gedanken darüber machen, welchen Nutzen wir für uns und für unsere Anspruchsgruppen aus unserer Vision und den daraus abgeleiteten Zielen ziehen können. Wie können wir entdeckte Engpässe bei uns und unseren Anspruchsgruppen auflösen und Nutzen für beide Seiten generieren?

Ein Engpass ist die Sache, die uns oder unsere Kunden und Anspruchsgruppen daran hindert, uns erfolgreich und positiv entwickeln zu können. Wenn es uns gelingt, die eigenen Engpässe aufzulösen, dann können wir Alleinstellungsmerkmale entwickeln und uns von unseren Mitbewerbern absetzen. Wenn wir den zentralen Engpass unserer Zielgruppe kennen, dann können wir ihr Leistungen anbieten, die einen hohen Nutzen für sie haben und die sie dann aller Wahrscheinlichkeit nach auch von uns erbringen lassen.

Kennen Sie das Bild vom Schlüsselstamm? Früher wurden Baumstämme gerne über Flüsse transportiert. Die gefällten und von den Ästen befreiten Stämme wurden einfach in den nächstgelegenen Fluss geworfen und erst viele Kilometer flussabwärts wieder rausgefischt. Erst dann wurden sie zersägt und weiterverarbeitet. Es kam dabei immer wieder vor, dass sich die Stämme ineinander verkeilten und der Transport zum Erliegen kam. Dann wurde ein Experte hinzugezogen, der aufgrund seiner Erfahrung einen ganz bestimmten Stamm, den sogenannten Schlüsselstamm, erkannte. Wurde dieser Schlüsselstamm aus dem verkeilten Wirrwarr herausgezogen, löste sich der Stau auf und alle Stämme flossen wieder flussabwärts. In unserem strategischen Ansatz geht es um Ähnliches. Wenn wir den größten Engpass bei unserem Kunden finden, können wir oft mit relativ einfachen Maßnahmen die vorhandenen Konflikte einer Organisation auflösen. Hilfreich dabei ist es, wenn Sie sich ein Bild Ihres Idealkunden machen (siehe Kap. 2) und seinen größten Engpass (Schlüsselstamm) identifizieren.

> **Tipp**
>
> Beschreiben Sie Ihren Idealkunden für ein Nachhaltigkeitsprojekt. Es ist derjenige, dem Sie aufgrund Ihrer Stärken und Fähigkeiten den größten Nutzen bieten können. Mit dem Idealkunden haben Sie dann zugleich die für Ihre Organisation erfolgversprechendste Zielgruppe gefunden.

Aus der Beschreibung Ihres Idealkunden können Sie nun eine Engpassanalyse ableiten, denn seine offensichtlichen Probleme sind Ihnen ja nun bekannt. Überlegen Sie sich anschließend, welche Probleme, Wünsche und Bedürfnisse er darüber hinaus noch haben könnte. Gibt es Wachstumsprobleme? Wie ist es mit der Wettbewerbskraft bestellt? Fehlen ihm wichtige Fähigkeiten, wie beispielsweise ein Nachhaltigkeitsmanagement? Versuchen Sie, sich in Ihren Idealkunden zu tief wie möglich hineinzudenken. Welche Sorgen hätten Sie an seiner Stelle?

Überlegen Sie sich auch Gründe, warum Ihr Idealkunde bisher die Leistungen Ihrer Organisation nicht in Anspruch genommen hat. Kennt er Sie bzw. Ihr Unternehmen vielleicht gar nicht? Steht irgendetwas zwischen Ihnen? Sind keine Referenzen vorhanden? Fehlen Ihnen Fürsprecher? Sind Ihre Lösungen und Produkte gut beschrieben und leicht zu finden?

Engpässe erkennt man auch immer daran, wenn Emotionen vorliegen. Ist Ihr Idealkunde frustriert, weil er als energieintensives oder ressourcenverbrauchendes Unternehmen ein schlechtes Image in der Öffentlichkeit hat? Hat er Existenzängste? Ist er ratlos und perspektivlos?

Ist er neidisch auf den Erfolg von Mitbewerbern? Befragen Sie Ihre Zielgruppe und achten Sie aufmerksam auf Emotionen Ihrer Gesprächspartner. Dahinter verbergen sich die Engpässe, die Sie zum Nutzen beider Seiten auflösen können.

Versuchen Sie nun den größten Engpass zu formulieren, der Sie und/oder Ihren Idealkunden daran hindert, miteinander ins Geschäft zu kommen. Auf diesen Engpass sollten Sie nun Ihre Kurz- und Mittelfriststrategie ausrichten. Das kann auch bedeuten, dass Sie Ihre eigene Vision daraufhin anpassen oder erweitern müssen. Ihre Ziele und die Wünsche Ihrer Zielgruppe müssen zusammenpassen.

> **Tipp**
>
> Wenn Sie den größten Engpass aufgelöst haben, wiederholen Sie einfach die Engpassanalyse und konzentrieren sich dann auf den nächstgrößeren Engpass. So kommt ein wahrlich nachhaltiger Prozess zustande, der Sie davor schützt, an den Wünschen und Problemen Ihrer Zielgruppe vorbei zu arbeiten.

Wir kennen nun unseren Idealkunden und damit die für uns erfolgversprechendste Zielgruppe. Auch das größte Problem unseres Idealkunden ist uns bekannt. Als Nächstes überlegen wir uns jetzt, wie die Ideallösung für den größten Engpass unserer Zielgruppe aussehen könnte und wie wir diese Ideallösung in Übereinstimmung mit unseren eigenen Nachhaltigkeitszielen und unserer Mission gestalten könnten. Beachten Sie dabei, dass Sie nicht nach einer kurzfristigen, sondern nach einer nachhaltigen Lösung suchen. Suchen Sie deshalb auch nach einer möglichen Innovation. Gibt es neue Technologien oder Prozesse, die Sie als Erster einsetzen könnten?

Vielleicht haben Sie diese Innovation ja schon längst gefunden, aber sie wird von Ihrer Zielgruppe nicht akzeptiert?

Suchen Sie sich aus Ihrer Zielgruppe einen Partner, der bereit ist, mit Ihnen diese Innovation in Richtung Nachhaltigkeit erstmalig anzuwenden. Um diesen Partner zu gewinnen bieten Sie Ihre Leistungen stark kostenreduziert oder auch völlig umsonst an. Vereinbaren Sie mit diesem Erstkunden Ihrer Innovation, dass Sie ihn als Gegenleistung als Referenz verwenden können. Ich habe dies erfolgreich mit meinem Zertifizierungssystem für nachhaltige Organisationen, *Sustainability. Now.*® getan und vom Feedback dieses Erstkunden viel gelernt. Mit diesen Erkenntnissen konnte ich meiner Innovation die absolute Marktreife verschaffen.

> **Tipp**
>
> Sie finden einen Partner und Erstkunden für Ihre Innovation recht leicht auf Messen. Besuchen Sie die Fachmessen, auf denen Sie Ihre Zielgruppe und Ihren Idealkunden vermuten. Auf Messen sind fast alle Menschen auf Neuigkeiten und Innovationen vorbereitet und damit auch entsprechend aufgeschlossen. Nur Mut, sprechen Sie die Menschen einfach an!

Als Ergebnis unserer bisherigen strategischen Überlegungen können wir nun folgendes festhalten:

- Wir kennen unsere eigenen Stärken und Schwächen (SWOT-Analyse).
- Wir haben eine Vision entwickelt und daraus Nachhaltigkeitsziele abgeleitet.
- Wir haben unsere Zielgruppe analysiert und deren Engpässe gefunden.

- Wir haben unseren Idealkunden definiert und das größte Nutzenpotenzial für ihn.
- Wir haben eine Innovation entwickelt, mit dem der größte Engpass behoben werden kann.

Das kann im Idealfall auch schon der Abschluss unserer Strategieentwicklung und -umsetzung sein. Wenn dem so ist, dann herzlichen Glückwunsch an dieser Stelle! Sie haben Ihre Organisation strategisch und nachhaltig neu ausgerichtet und gehen erfolgreich Ihren Weg.

Dennoch kann es sein, dass Sie trotz Ihrer innovativen Produkte und Leistungen alleine nicht zum gewünschten Erfolg kommen. Möglicherweise fehlen Ihnen Fähigkeiten oder Ressourcen, die für einen Erfolg zwingend sind und über die Sie nicht verfügen. Wenn das so ist, dann sollten Sie sich einen oder mehrere Kooperationspartner suchen nach dem Motto: „Gemeinsam sind wir stark". Dieser oder diese Partner sollten zu Ihnen ergänzende Eigenschaften haben und damit Synergien erzeugen, die beiden Kooperationspartnern nutzen.

Ich hatte beispielsweise mit meiner Organisation das Problem, dass wir ein sehr innovatives Produkt zur Auflösung eines Engpasses unserer Zielgruppe entwickelt hatten, aber zu diesem Zeitpunkt noch nicht über die finanziellen Möglichkeiten verfügten, das Produkt bekannt zu machen. Wir suchten und fanden eine Organisation, die das Problem hatte, durch Managementfehler in der Vergangenheit aus dem Fokus der öffentlichen Wahrnehmung verschwunden zu sein. Dennoch hatte die Organisation Zugang zu beträchtlichen finanziellen Mitteln und verfügte noch über ein großes Netzwerk zu potenziellen Kunden für uns. Wir mussten nicht lange reden und verhandeln – wir wurden Kooperationspartner und haben es nicht bereut. Durch unser innovatives

Produkt wurde unser Partner in der Szene wieder bekannt und wir konnten unser Produkt erfolgreich vermarkten.

Der Schlüssel zum Erfolg war hier, dass beiden Partnern von Anfang an der erhebliche und nachhaltige Nutzen klar war, der sich aus dieser Kooperation ergeben könnte. Achten Sie daher bei der Suche nach Kooperationspartnern nicht nur darauf, was Ihre Organisation davon haben kann, sondern vor allem und an erster Stelle, welchen Nutzen Ihr Partner davon haben wird.

> **Tipp**
>
> Halten Sie die Ergebnisse von der Vision, über die Ziele, die eigenen Engpässe und die Ihrer Zielgruppe auf jeden Fall schriftlich fest. Lassen Sie dieses Papier in Ihrer Organisation zirkulieren und überprüfen Sie Ihre Nachhaltigkeitsstrategie regelmäßig, mindestens einmal pro Jahr.

Als letzten Schritt müssen Sie noch die Nachhaltigkeitsstrategie Ihrer Organisation absichern. Nichts ist von Dauer, und auch die Bedürfnisse, Probleme und Wünsche Ihrer Zielgruppen werden sich im Laufe der Zeit ändern. Sie kennen bestimmt Organisationen in Ihrem Umfeld, die zunächst ein phantastisches und innovatives Produkt hatten, das den Wünschen Ihrer Zielgruppe entsprach, die dann aber von der jeweiligen Marktentwicklung überrollt wurden.

Der Übergang von den Mobiltelefonen klassischer Art zu den heute üblichen Smartphones war so ein Sprung, den etliche Unternehmen in der Branche nicht überlebt haben. Viele haben diese rasante Entwicklung schlicht deswegen unterschätzt, weil sie selbst nicht Anteil an der zugrunde liegenden technischen Innovation hatten.

Für uns und unsere Strategie bedeutet dies, uns nicht auf den Erfolgen der Vergangenheit auszuruhen, sondern ständig die sich ändernden Bedürfnisse und Wünsche unserer Zielgruppe wahrzunehmen. Technik und Dienstleistungen ändern sich analog zu den Problemen und Wünschen unserer Zielgruppe. Deren eigentliches Grundbedürfnis, das sich aus dem jeweiligen Geschäftszweck der Organisation ergibt, bleibt jedoch konstant. Auf dieses Grundbedürfnis müssen wir unsere Nachhaltigkeitsstrategie ausrichten und permanent anpassen. Solange wir das Grundbedürfnis unserer Zielgruppe mit unseren Lösungen bedienen können, solange werden unsere Geschäfte erfolgreich laufen.

Die Konsequenz aus dieser Erkenntnis ist die Notwendigkeit einer eigenen Denkfabrik (Think Tank) in Ihrer Organisation, auch wenn diese Denkfabrik möglicherweise Sie allein sind. Diese Stelle, die Person oder Personen, haben die existenziell wichtige Aufgabe, die zukünftigen Lösungen für die Bedürfnisse der Zielgruppen bereits in der Gegenwart zu entwickeln. Einen sehr guten Ort dafür bietet das Nachhaltigkeitsmanagement einer Organisation.

Quellenverweis und Anmerkungen

1. Siehe https://www.bundesregierung.de/Webs/Breg/DE/ Themen/Nachhaltigkeitsstrategie/_node.html.
2. Siehe https://www.bmuv.de/themen/wasser-ressourcen-abfall/ressourceneffizienz/ressourceneffizienz-worum-geht-es.
3. zum Beispiel: Kerstin Friedrich/Fredmund Malik/Lothar Seiwert, Das große 1 × 1 der Erfolgsstrategie, Gabal Verlag.
4. Cradle-to-Cradle: zyklische Ressourcennutzung, siehe http://de.wikipedia.org/wiki/Cradle_to_Cradle.

6

Die Herausforderung Nachhaltigkeitsmanagement

Ein professionelles Nachhaltigkeitsmanagement basiert auf der konsequenten Anwendung aller drei Dimensionen der Nachhaltigkeit – der ökonomischen, der ökologischen und der sozialen Dimension. Die Zusammenhänge, Verbindungen und Abhängigkeiten dieser Komponenten werden gern mit dem Bild eines klassischen Tempels veranschaulicht.

Der Tempel der Nachhaltigkeit

Unser ‚Tempel der Nachhaltigkeit‘ ist auf einem soliden Fundament errichtet. Das Fundament der Nachhaltigkeit besteht aus unserem Fachwissen durch Ausbildung oder Studium und den Informationen, die für unsere Organisation, unser Unternehmen, oder unser Privatleben wichtig sind. Auf diesem Fundament stehen drei Säulen, jeweils eine für die ökonomische, die ökologische und die sozial/gesellschaftliche Dimension der Nachhaltigkeit. Die Säulen sind gleich hoch, gleich stark, sprich gleich

© Springer-Verlag GmbH Deutschland, ein Teil von Springer Nature 2022
M. Wühle, *Nachhaltigkeit messbar machen*,
https://doi.org/10.1007/978-3-662-66047-8_6

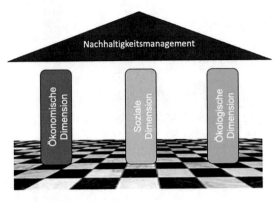

Abb. 6.1 Dimensionen der Nachhaltigkeit

wichtig. Sie tragen das Dach des Tempels, das Nachhaltigkeitsmanagement. Es ist mit allen drei Dimensionen direkt verbunden und sorgt somit für eine unmittelbare Kommunikation untereinander (siehe nachfolgende Abb. 6.1 und Anhang 2).

Das Bild zeigt sehr schön, dass alle Elemente des Systems miteinander verbunden sind und damit entweder direkt oder indirekt miteinander kommunizieren. Alle Elemente zusammen bilden erst ein Gebilde, das wir sofort als funktionsfähiges Gebäude bezeichnen würden. Das Dach des Systems, das Nachhaltigkeitsmanagement hat jedoch noch eine weitere, sehr wichtige Funktion. Es bildet die gemeinsame Klammer, stellt die Funktionalität des Tempels her und sorgt vor allem für die Kommunikation zwischen den Säulen – sprich Dimensionen – der Nachhaltigkeit.

Auch wenn das Bild des Tempels schon seit langem verwendet wird, erleichtert es nach wie vor den Zugang zum System und zur Methodik der Nachhaltigkeit. Es zeigt sehr anschaulich die notwendige gleiche Gewichtung der drei Dimensionen der Nachhaltigkeit. Doch das ist erst der Anfang! Das stimmige Verständnis zum Begriff Nachhaltigkeit ist die notwendige Grundvoraussetzung für ein erfolgreiches Nachhaltigkeitsmanagement. Darüber hinaus müssen wir uns darüber im Klaren sein, dass wir immer mit Menschen zu tun haben. Menschen die (noch) nicht die gleiche Einstellung, das gleiche Verständnis zum Begriff Nachhaltigkeit haben.

Nachhaltigkeit und damit einhergehend Nachhaltigkeitsmanagement bedeutet vor allem in Unternehmen oft einschneidende Veränderungen und viele neue Dinge, Abläufe und Prozesse. Davor haben viele Menschen Angst, das liegt in unserer Natur. Diese Ängste anzunehmen, mit Ihnen umzugehen und sie abzubauen, das ist der eigentliche Schlüssel zum Erfolg. Wir kommen später im Buch noch genauer auf diesen Punkt. Schlußendlich jedoch müssen wir den Schritt von der Theorie zur Praxis gehen. Das ist die Bedeutung von Nachhaltigkeitsmanagement.

Gut, da steht er nun: unser Tempel der Nachhaltigkeit. Es ist schön, mächtig und stabil. Es ist ein Gebilde, bei dem alle Komponenten miteinander in Beziehung stehen und ihre Einzelfunktion zu einer größeren Gesamtfunktion vereinigen. Doch nun fragen wir uns: Was nützt uns dieses noch so stabile Gebäude, was haben wir davon?

Nutzen eines Nachhaltigkeitsmanagements

Der einzigartige Nutzen eines Nachhaltigkeitsmanagements entsteht aus der Struktur dreier gleichwertigen tragenden Säulen. Dadurch wird Nachhaltigkeitsmanagement in jeder Dimension positive Effekte generieren. Diese positiven Effekte unterstützen und stärken sich zudem noch gegenseitig.

Sehen wir uns den Nutzen etwas genauer an, den Nachhaltigkeitsmanagement in allen Säulen der Nachhaltigkeit generiert. Beginnen werden wir mit der ökonomischen Säule und das ist kein Zufall, wie ich bereits in Kap. 2 beim Kreisel der Nachhaltigkeit dargestellt habe.

Wir haben nach wie vor im Hinterkopf, dass wahrscheinlich die soziale Komponente den Ausschlag für Erfolg oder Misserfolg geben wird, denn wir kennen nun die Macht einer geistig verbundenen und einigen Gruppe. Dennoch ist es in der praktischen Herangehensweise erfahrungsgemäß klug, mit dem ökonomischen Nutzen zu beginnen. Da sprechen wir eine Sprache, die jeder Vorstand, jeder CEO, jeder Kämmerer und jeder Bürgermeister versteht. Und dies ist sehr wichtig, um überhaupt ins Gespräch zu kommen. Was nutzt uns das tollste Gesamtkonzept, wenn wir keine Gelegenheit bekommen, es vorzustellen? Mit dem ökonomischen Nutzen – entweder vermiedene Kosten oder höhere Erlöse – können und müssen wir ganz am Anfang jeden Gesprächs die Aufmerksamkeit und Neugier unser Zuhörer erwecken.

Es ist extrem wichtig, diese Priorität zu erkennen und auch zu akzeptieren. Das bedeutet nun nicht, dass ich selbst damit beginne, die Gleichwertigkeit aller drei Säulen der Nachhaltigkeit in Frage zu stellen. Nein, wirklich nicht. Um jedoch erfolgreich Nachhaltigkeitsmanagement betreiben zu können, müssen wir uns auf der einen Seite immer wieder die eisernen Prinzipien der Nachhaltigkeit vor Augen führen, um nicht selbst vom Weg abzuweichen (und diese Gefahr ist groß). Auf der anderen Seite müssen wir die Realitäten einer rein betriebswirtschaftlichen Unternehmensphilosophie bei den allermeisten Unternehmen der Gegenwart anerkennen und unser Vorgehen darauf ausrichten.

Bevor ich auf die Konzepte, ihre Maßnahmen und deren Nutzen in den einzelnen Säulen eingehe, bitte ich Sie, einen Blick auf die Abb. 6.2 zu werfen. Dort sehen Sie eine Auflistung übergeordneter Nutzen, die durch ein Nachhaltigkeitsmanagement entstehen können, und zwar unabhängig vom konkreten Anwendungsgebiet.

* Energie- und Treibstoffkosten verringern sich durch den Einsatz
  Erneuerbarer Energien, Alternativer Treibstoffe und innovative Haustechnik

* Renditen und Wettbewerbsfähigkeit erhöhen sich durch nachhaltige
  Beschaffung (supply chain), innovative Technologien und durch neue
  Alleinstellungsmerkmale

* Kunden, Auftraggeber und Konsumenten werden leichter gewonnen

* Die Belegschaft wird motiviert und profitiert durch Anreizmodelle.
  Neues Personal zu gewinnen und zu binden wird leichter.

* Image und Attraktivität des Unternehmens erhöht sich und führt zu einer
  positiven Wahrnehmung in der Öffentlichkeit und bei der Beziehung zu allen
  Anspruchsgruppen, insbesondere bei Investoren

Abb. 6.2 Nutzen eines Nachhaltigkeitsmanagements in Organisationen

Kennen Sie das Sprichwort „Der Fisch stinkt vom Kopf her"? Übertragen auf Organisationen bedeutet dies: Ein funktionierendes Nachhaltigkeitsmanagement kann nur aufgebaut werden, wenn in der Organisation eine entsprechende Führungs- und Unternehmenskultur existiert oder geschaffen wird.

6.1   Nachhaltige Führungs- und Unternehmenskultur

Die Führungs- und Unternehmenskultur ist das gemeinsam geteilte Werte- und Normensystem eines Unternehmens und zeigt, wie ein Unternehmen tickt. Sie zeigt sich daran, wie im Unternehmen kommuniziert wird, wie das Unternehmen strukturiert ist, und sie zeigt sich am Führungsverhalten.

Die Transformation eines Unternehmens von der klassischen betriebswirtschaftlichen Sichtweise hin zu einer nachhaltigen Organisation ist und bleibt der wichtigste Schritt um für die Zukunft gewappnet zu sein. Das hat nicht zuletzt die Corona-Pandemie klar gezeigt. Nachhaltigkeit im Unternehmen ist ein wirksamer Stabilisator. Nachhaltige Unternehmen sind einfach weniger krisenanfällig und haben immer einen strategischen Vektor in die Zukunft gerichtet. Der Dreiklang zwischen ökonomischen, ökologischen und sozial/gesellschaftlichen Anforderungen bestimmt dabei das unternehmerische Handeln. Dies sollte die Basis jedes modernen Unternehmens sein. Darüber hinaus werden jedoch immer mehr Themen wie Werte, Zweck und Bestimmung – englisch Purpose – wichtig und sollten entsprechende Beachtung finden.

Werte und Bestimmung

Bislang galt der Grundsatz, dass der einzige Zweck eines Unternehmens darin bestehen sollte, Gewinne zu erwirtschaften. Hier hat der Nachhaltigkeits-Gedanke in den letzten Jahren bereits vieles verändert und gerade Anleger und Investoren orientieren sich immer mehr an messbaren Nachhaltigkeitsindiktoren. Die Werte eines Unternehmens, sein Zweck und seine Bestimmung sind für die Zufriedenheit und die Loyalität der Beschäftigten eine wesentliche Voraussetzung. Dies gilt auch für alle anderen Anspruchsgruppen, insbesondere für die Kunden eines Unternehmens. Sie machen ihre Kaufentscheidung zunehmend auch davon abhängig, ob ein Unternehmen glaubhaft seine Werte lebt und seiner Bestimmung folgt.

Purpose

Seine Werte zu leben, der eigenen Bestimmung zu folgen und dies auf der Grundlage der Nachhaltigkeit, das ist sicher für jeden Menschen ein erstrebenswertes Ziel. Es führt zu Achtsamkeit und Aufmerksamkeit. Es ersetzt langweilige und geistlose Routine durch bewusstes

Handeln, das die Realitäten des Lebens akzeptiert. Dies gilt nicht nur für Personen, sondern insbesondere auch für jedes Unternehmen und seine Beschäftigten. Natürlich haben sich Unternehmen auch schon bisher Unternehmenswerte gegeben (nicht alle) und den Zweck, die Bestimmung des Unternehmens definiert. Genauso etabliert ist die Erkenntnis, dass die Führungskräfte diese Werte in der täglichen Arbeit vorleben müssen, damit diese auch wirklich zum Leben erweckt werden. In der Kombination mit der Methodik Nachhaltigkeit entsteht etwas Neues, der Purpose. Die Bestimmung und der primäre Zweck des Unternehmens. Ein starker und glaubwürdiger Purpose verschafft den Beschäftigten und den Kunden Orientierung und trägt damit zur positiven Entwicklung des Unternehmens entscheidend bei. Ob der Purpose die bisherigen Begriffe wie CSR (Corporate Social Responsibility), ESG (Environment, Social und Corporate Governance) und andere im Kontext der Nachhaltigkeit für Unternehmen verwendete Begriffe ablösen wird kann ich nicht sagen. Es ist aber ein neuer Ansatz, der den bisherigen Zugang zu Nachhaltigkeit in Unternehmen erweitert und auf jeden Fall das Potenzial hat, in den nächsten Jahren als unternehmerischen Leitbild zu fungieren.

Für ein Unternehmen, das eine nachhaltige Führungs- und Unternehmenskultur installieren und integrieren möchte, sind daher die Aktionsfelder Unternehmensleitbild und Symbolisches Management wichtig:

- **Unternehmensleitbild**
  Zusammenfassung der handlungsbegleitenden Werte und Orientierungspunkte, die den Mitarbeitern einen Denk- und Bezugsrahmen vorgeben. Nachhaltigkeit als Bestandteil des Leitbildes erfüllt in diesem Zusammenhang eine wichtige Orientierungsfunktion

– vor allem in ökologisch und sozial relevanten Entscheidungssituationen. Das beste Leitbild bleibt jedoch unbedeutend, wenn es nicht von der Führung täglich vorgelebt wird.

- **Symbolisches Management**
  Die bewusste Gestaltung der sogenannten Unternehmens-Artefakte. Darunter sind Erzählungen zu verstehen, die im Unternehmen kreisen, typische Sprechweisen, eingespielte Rituale usw. Es spiegelt die Haltung zur Umwelt und zu den Beschäftigten wider.
- **Wertschätzende Kommunikation**
  Veröffentlichung von Nachhaltigkeits-Erfolgsstories im Unternehmen. Regelmäßige gemeinsame Aktionen und Wettbewerbe von Führung und Beschäftigten zum Thema Umwelt- und Sozialverantwortung. Damit folgen Taten den Worten und Postulaten der Unternehmensführung.

Nun können und sollten wir daran gehen, für unsere Organisation strategische Leitsätze zu formulieren und daraus Nachhaltigkeitziele ableiten, die auf unserer Führungs- und Unternehmenskultur basieren.

6.2   Strategische Leitsätze und Ziele

Jede bewusst entwickelte Organisation baut sich auf Grundlage einer Vision auf und entwickelt strategische Leitsätze, um diese Vision möglichst verständlich zu formulieren. Eine Vision ist immer auch mit Zielen verbunden, auch wenn nicht alle Ziele zu Beginn quantifizierbar sind.

So könnte beispielsweise eine Spedition für sich folgende Vision entwickeln: „… Wir wollen bis zum Jahr 20xx der nachhaltigste Spediteur Europas sein, unsere

CO_2-Emission um 30 Prozent senken und alle unsere LkW auf Elektroantrieb umgestellt haben …"

Strategische Leitsätze und Ziele haben eine enorme Wirkung nach innen und außen, im Guten und im Schlechten. Deshalb gilt es anspruchsvolle, jedoch auch erreichbare Ziele zu definieren. Dann identifizieren sich die Belegschaft und auch alle anderen Anspruchsgruppen mit Vision und Ziel.

Damit sind wir nun konzeptionell gut gerüstet. Unsere nachhaltige Führungs- und Unternehmenskultur kennt neben den Anforderungen an das Führungsverhalten die entscheidende Macht der sozialen Dimension, die Notwendigkeit für ökologisches Verhalten und die Bedürfnisse einer auf Konsum und Profit ausgerichteten Wirtschaft. Daraus haben wir unsere strategischen Leitsätze abgeleitet und unsere Nachhaltigkeitsziele definiert.

Mit diesem Wissen können wir an die Definition von Maßnahmen für unsere Organisation gehen. Dazu sortieren wir die Dimensionen der Nachhaltigkeit in eine nicht-wertende Reihenfolge um, die eine größtmögliche Realisierungswahrscheinlichkeit verspricht. Wir beginnen den Aufbau unseres Nachhaltigkeitsmanagements daher mit der Formulierung des ökonomischen Konzepts.

6.3 Konzept für Ökonomisches Verhalten

Als Erstes wecken wir das Interesse und die Aufmerksamkeit unserer Gesprächspartnern, indem wir die ökonomischen Potenziale eines Nachhaltigkeitsmanagements erläutern. Wir machen das so anschaulich, dass unsere Gesprächspartner das Geld förmlich klimpern hören, das

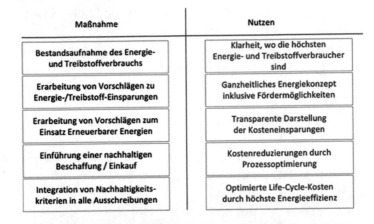

Maßnahme	Nutzen
Bestandsaufnahme des Energie- und Treibstoffverbrauchs	Klarheit, wo die höchsten Energie- und Treibstoffverbraucher sind
Erarbeitung von Vorschlägen zu Energie-/Treibstoff-Einsparungen	Ganzheitliches Energiekonzept inklusive Fördermöglichkeiten
Erarbeitung von Vorschlägen zum Einsatz Erneuerbarer Energien	Transparente Darstellung der Kosteneinsparungen
Einführung einer nachhaltigen Beschaffung / Einkauf	Kostenreduzierungen durch Prozessoptimierung
Integration von Nachhaltigkeits-kriterien in alle Ausschreibungen	Optimierte Life-Cycle-Kosten durch höchste Energieeffizienz

Der Einsatz Erneuerbarer Energien birgt die Chance beträchtliche Energie- und Treibstoffkosten einzusparen bzw. Erlöse zu erzielen. Unterstützt wird dies durch optimierte Prozesse in der Verwaltung

Abb. 6.3 Ökonomischer Nutzen

sie einsparen oder zusätzlich erlösen können. Schauen wir uns also die möglichen Maßnahmen und den ökonomischen Nutzen eines etablierten Nachhaltigkeitsmanagements in einem Unternehmen oder in einer Kommune in Abb. 6.3 an:

Diese Tabelle stellt nur ein Beispiel von vielen möglichen für eine Maßnahmen-/Nutzen-Tabelle dar. Für Ihre Organisation müssen Sie natürlich das für Sie Zutreffende auswählen und Fehlendes ergänzen. Sie können sich jedoch an diesem Beispiel entlanghangeln, denn die meisten Punkte werden auch auf Ihre Organisation zutreffen. Schauen wir uns nun dieses Beispiel etwas genauer an. Die erste Zeile mag uns zunächst trivial vorkommen: Bestandsaufnahme des Energieverbrauchs. Klingt langweilig und nutzlos, ist es aber nicht. Meiner Erfahrung nach wissen die wenigsten Unternehmer und Verantwortliche von Kommunen wie viel Energie in ihrem

Verantwortungsbereich verbraucht wird. Noch weniger wissen sie in der Regel, wofür die Energie verbraucht[1] wird und welche Kosten das im Verhältnis zu den Gesamtkosten verursacht. Das gilt übrigens auch für den Privatbereich. Könnten Sie diese Fragen zum Energieverbrauch für Ihre Wohnung, für Ihr Haus beantworten? Aller Wahrscheinlichkeit nach nicht!

Was im privaten Bereich dem Geldbeutel weh tut, das ist für eine Kommune oder ein Unternehmen in der Regel noch viel schmerzhafter. Denn seien wir doch ehrlich. Im privaten Bereich schaut jeder mehr oder weniger darauf, Energie zu sparen. Im Betrieb, am Arbeitsplatz ist das immer noch für viele Menschen wesentlich weniger wichtig.

Also, wir wissen nun Bescheid über unsere Energieverbräuche (Sie möglicherweise jetzt zum ersten Mal in Ihrem privaten Bereich). Der Nutzen, den wir daraus ziehen können, ist eine völlig transparente Gesamtübersicht über unsere Energiekosten, aufgegliedert bis zur letzten Kilowattstunde. Ich rate dazu, in dieser Phase möglichst feingliedrig zu sein. Gliedern Sie Ihre Aufstellung nach Strom-, Wärme-, Kälte- und Treibstoffverbräuchen.

Ordnen Sie diese Verbräuche Ihren Organisationseinheiten, Ihren Immobilien, Ihren Standorten, oder anderen für Sie sinnvollen Gruppierungen zu. Ich arbeite an dieser Stelle gerne mit einem Tabellenprogramm. Das ist einfach, schnell und übersichtlich. Mit den verschiedenen Filterfunktionen kann ich mir nach der Bestandsaufnahme dann ein Bild aus den unterschiedlichsten Blickpunkten machen. Als Erstes sollten Sie nach der Höhe des Energieverbrauchs sortieren und dann damit zum nächsten Schritt gehen.

Dieser besteht darin, Potenziale zu wesentlichen Einsparungen zu finden und daraus Konzepte zu erarbeiten, die schon einen deutlichen Praxisbezug haben. Es ist sehr wichtig, darauf zu achten, dass diese Konzepte nicht theoretisch, allgemein und akademisch sind. Wenn in dieser Phase Aussagen kommen wie „… wir müssen alle Energie sparen …", „… wir sollten weniger drucken …", „… wir sollten uns wirklich überlegen, ob wir diese Dienstreise brauchen oder nicht …", dann ist es höchste Eisenbahn, dem Einhalt zu gebieten.

Wir müssen in dieser Phase konkrete Konzepte entwickeln und deren Einsparungsvolumen berechnen. Dabei ist es sinnvoll, die gefundenen Potenziale der Ordnungsstruktur zu zuordnen, die wir bei der Bestandsaufnahme angewendet haben. Gleichzeitig sollten wir bei unseren Maßnahmen noch unterteilen nach:

- Maßnahmen zur Energieeinsparung und
- Maßnahmen zur Energieeffizienz.

Wenn wir also beispielsweise nach Immobilien strukturiert haben, dann ordnen wir die Maßnahme „Passive Kühlung" in der Kategorie „Energieeinsparung" den Gebäuden zu, bei denen diese Maßnahme nach erster Einschätzung umsetzbar ist.

In dieser Phase sollten wir uns auch informieren, ob und wenn ja es Fördermöglichkeiten dazu auf Landes-, Bundes- und EU-Ebene gibt. Schauen Sie doch mal auf Seiten wie http://lfa.de/website/de/foerderangebote/umweltschutz/was/index.php oder https://www.kfw.de/inlandsfoerderung/Unternehmen/Energie-Umwelt/.

Nach dieser Phase haben wir ein ganzheitliches Energiekonzept für unsere Kommune oder unser Unternehmen erarbeitet und können die Ergebnisse selbstbewusst dem Vorstand oder dem Bürgermeister präsentieren.

Wenn wir unsere Arbeit gut gemacht haben und Vorstand oder Bürgermeister nicht völlig beratungsresistent sind (was durchaus vorkommen kann!), dann werden nun

Maßnahmenpakete geschnürt und umgesetzt. Was hierbei zu beachten ist, darauf gehe ich im Kapitel zum Nachhaltigkeitsmanager näher ein.

Zunächst weiter: Was wir an Energie einsparen oder effizienter einsetzen können, das haben wir in das ökonomische Konzept eingebracht. Jetzt sehen wir uns an, wie Erneuerbare Energien im Unternehmen oder in der Kommune eingesetzt werden können. Dabei liegt unser Fokus zu diesem Zeitpunkt weiterhin auf dem ökonomischen Aspekt. Welche Erneuerbare Energien können wir einsetzen, die weniger kosten als fossile Energieträger?

Gibt es nicht, sagen Sie?

Gibt es doch, wir müssen sie nur finden. Ich behaupte an dieser Stelle, dass ich für jeden Unternehmensstandort, für jede Kommune zumindest einen Energieträger aus erneuerbaren Quellen finde, der unter Life-Cycle-Betrachtung spezifisch geringere Kosten verursacht, und das können Sie auch!

Ein beachtliches ökonomisches Potenzial bietet auch der Einkauf. Hier können bei zumindest gleichen, häufig auch geringeren Kosten nachhaltige Produkte beschafft werden. Fast alle Manager, mit denen ich bisher über einen nachhaltigen Einkauf gesprochen habe, brachten sofort den Einwand, dass diese Waren immer teurer wären als Standardprodukte. Das stimmt jedoch nicht!

Sehen Sie sich Unternehmen wie MEMO, Edding und viele andere an. Sie werden feststellen, dass Produkte mit einer sehr guten Ökobilanz und fairen Produktionsbedingungen immer mehr Beachtung und Käufer auf dem Markt finden. Wir Verbraucher üben da schon recht viel Druck aus, Tendenz steigend. Ein Unternehmen, eine Kommune, die in weitaus höheren Größenordnungen bestellt wie ein Privatverbraucher, hat natürlich einen noch größeren Einfluss auf den Markt nachhaltiger

Produkte und sollte dies auch konsequent nutzen. Es ist auch gar nicht so schwierig.

Zunächst einmal zum Begriff: Nachhaltige Beschaffung – was ist das?

Unter nachhaltiger Beschaffung versteht man den Prozess, Produkte zu beschaffen, die von der Herstellung bis zur Entsorgung unter Berücksichtigung sozialer, ökologischer und ökonomischer Aspekte geringere Folgen für Mensch und Umwelt haben als vergleichbare Produkte und Dienstleistungen. Idealerweise wird über die nachhaltige Beschaffung eine Kreislaufwirtschaft in Gang gesetzt. Bei der Beschaffung von Dienstleistungen verstehen wir in diesem Zusammenhang die Einhaltung unserer ethischen Grundvorstellungen im Sinne der Nachhaltigkeit.

Der Beschaffungsvorgang unterliegt in jeder Organisation gewissen Richtlinien, die je nach Größe und Begeisterung für Verwaltung und Bürokratie mehr oder weniger umfangreich sind. In jedem Fall aber werden einer Beschaffung verschiedene Kriterien zugrunde gelegt. Da ist natürlich der Preis relevant und Dinge wie Verfügbarkeit, Qualität, Lieferzeit. Manchmal wird auch auf ein Umwelt- oder ein Energiezertifikat Wert gelegt. Den bereits vorhandenen Einkaufskriterien muss nur noch eine neue Liste mit Nachhaltigkeitskriterien hinzugefügt werden, die gewichtet und im Entscheidungsprozess berücksichtigt werden. Ein Beispiel, wie so eine Liste aussehen kann, habe ich dem Anhang 3 beigefügt.

Die Nachhaltigkeitskriterien, die wir im Einkauf nun berücksichtigen, können wir dann auch auf alle Ausschreibungen für Investitionsmaßnahmen übertragen. Das sind Dinge wie Umwelt- und Nachhaltigkeitszertifikate, die eingefordert und gewertet werden, Nachweis des Verzichts auf Kinderarbeit für international tätige Unternehmen, kurze Transportwege und Begünstigung lokaler Produkte, geringer Energieverbrauch und energiearme Produktion usw. Bei Gebäudeneubauten, bei Technischen

Systemen und Anlagen können dadurch optimierte Live-Cycle-Kosten erreicht werden, die jedem Kaufmann die Augen leuchten lassen.

> Fazit: Gerade der Einsatz Erneuerbarer Energien birgt die Chance, beträchtliche Energie- und Treibstoffkosten einzusparen bzw. Erlöse zu erzielen. Unterstützt werden kann dies durch optimierte Prozesse in der Verwaltung. Die Betonung dieses positiven finanziellen Effekts muss anfangs in den Vordergrund gestellt werden, um ein umfassendes Nachhaltigkeitsmanagement in der betroffenen Organisation überhaupt zu ermöglichen.

6.4   Konzept für Soziales Verhalten

Damit aus dem ökonomischen Verhalten nun ein gesamtheitliches, ein nachhaltiges Konzept entstehen kann, müssen wir als Nächstes das soziale/gesellschaftliche Verhalten genau betrachten und in das Gesamtkonzept integrieren. Denn wie wir bereits am Anfang des Buches besprochen haben, ist das soziale, das gesellschaftliche Element eine zentrale Schlüsselstelle und unabdingbar im Gleichklang der anderen Dimensionen der Nachhaltigkeit.

Nur mit motivierten und überzeugten Menschen können wir ein Nachhaltigkeitsmanagement aufbauen, das stabil, zukunftsorientiert und im wahrsten Sinne des Wortes nachhaltig ist. Darum folgt nach der ökonomischen Komponente idealerweise die sozial/gesellschaftliche Komponente. Das haben wir bereits am Anfang unserer Überlegungen zur Nachhaltigkeit beim Kreisel der Nachhaltigkeit festgestellt.

Auch hier möchte ich mit einem Beispiel beginnen, wie ein solches Konzept für eine beliebige Organisation aussehen könnte. Es ist nur ein Beispiel von vielen und Sie sollten für Ihre Organisation natürlich etwas Eigenes und absolut Passendes kreieren. Wichtig dabei ist, dass Sie immer darauf achten, dass die jeweiligen Maßnahmen auch einen echten Nutzen für die Zielgruppe aufweisen. Ohne Nutzen zu erzeugen, werden Sie keinen Erfolg haben. Später gehe ich auf diese alternativlose Notwendigkeit der Nutzengenerierung noch näher ein. Sehen wir uns nun die Maßnahmen-/Nutzen-Tabelle der sozial/gesellschaftlichen Dimension der Nachhaltigkeit in Abb. 6.4 etwas genauer an:

Unsere Tabelle beginnt mit Belegschafts- und Bürgermodellen beim Einsatz von Erneuerbaren Energien. Wenn wir auf das Dach einer Werkshalle oder eines Rathauses eine Photovoltaikanlage bauen, um die Energiekosten zu senken, dann können bzw. sollten wir unsere Belegschaft bzw. Bürgerschaft daran teilhaben lassen. Erst durch diesen Nutzen für jeden Beteiligten entsteht über eine oft schon vorhandene positive Grundeinstellung zur

Maßnahme	Nutzen
Belegschaftsmodelle beim Einsatz Erneuerbarer Energien	Erhöhung der Akzeptanz durch die Belegschaft, WIR-Gefühl,
Arbeitszeitmodelle und interne Anreizsysteme	Nachhaltige Leistungskraft und Zufriedenheit der Mitarbeiter
Einführung von Umweltmanagementsystemen	Verantwortungsvollerer Umgang mit Ressourcen und Energien
Aufbau Corporate Citizenship	Soziales Engagement festigt die Unternehmenskultur

Die Einbindung der Belegschaft in das Nachhaltigkeitskonzept des Unternehmens fördert ein WIR-Gefühl und steigert die Identifikation mit den Zielen des Unternehmens

Abb. 6.4 Sozialer Nutzen

Nachhaltigkeit das Engagement, das notwendig ist, um den Prozess dauerhaft (nachhaltig) am Leben zu halten.

Auch hier sollten Sie folgende (und noch mehr eigene) Fragen stellen und die Antworten in weitere Maßnahmen umsetzen:

- Beschäftigung und Beschäftigungsverhältnisse
  - Stellt die Organisation sicher, dass alle Arbeiten von Frauen und Männern ausgeführt werden, die entweder als Beschäftigte oder als Selbstständige rechtskräftig anerkannt werden?
  - Führt die Organisation eine aktive Arbeitskräfteplanung durch?
    (Zur Vermeidung von Arbeit auf Gelegenheitsbasis oder übermäßiger Zeitarbeit.)
  - Informiert die Organisation rechtzeitig und angemessen über geplante Änderungen im Betriebsablauf, gemeinsam mit Vertretern der Erwerbstätigen?
  - Stellt die Organisation Chancengleichheit für alle Erwerbstätigen sicher und verhindert direkte oder indirekte Diskriminierung?
  - Verhindert die Organisation jede Art von willkürlicher oder diskriminierender Entlassungs- und Kündigungspraxis?
  - Schützt die Organisation die personenbezogenen Daten und die Privatsphäre der Erwerbstätigen?
  - Stellt die Organisation sicher, dass Arbeit nur an Auftragnehmer oder Unterauftragnehmer vergeben wird, die gesetzlich anerkannt sind und menschenwürdige Arbeitsbedingungen bieten?
- Arbeitsbedingungen und Sozialschutz
  - Stellt die Organisation sicher, dass die Arbeitsbedingungen den nationalen Gesetzen und Vorschriften entsprechen und mit den internationalen Arbeitsnormen übereinstimmen?

- Stellt die Organisation sicher, dass die Mindestbestimmungen für Arbeitsnormen der IAO beachtet werden?
- Bietet die Organisation gleiche Entlohnung für gleiche Arbeit?
- Bietet die Organisation Arbeitsbedingungen, die ein ausgewogenes Maß zwischen Arbeit und Privatleben ermöglichen?
- Achtet die Organisation das Recht von Erwerbstätigen, an den üblichen oder vereinbarten Arbeitszeiten festzuhalten, wie sie im Gesetz, in Vorschriften oder Kollektivvereinbarungen festgelegt werden?
- Achtet die Organisation das Recht von Erwerbstätigen, ihre eigenen Organisationen zu bilden oder ihnen beizutreten mit dem Ziel, ihre Interessen zu fördern oder Kollektivverhandlungen durchzuführen?
- Gesundheit und Sicherheit am Arbeitsplatz
  - Entwickelt die Organisation Vorgaben zum Betrieblichen Arbeitsschutz und achtet sie auf Umsetzung und Einhaltung?
  - Analysiert und kontrolliert die Organisation die mit ihren Aktivitäten verbundenen Gesundheits- und Sicherheitsrisiken?
  - Stellt die Organisation die notwendige Sicherheitsausrüstung, einschließlich persönlicher Schutzausrüstung bereit?
  - Dokumentiert und untersucht die Organisation alle gesundheits- oder sicherheitsbezogenen Vorfälle, um diese zu verringern oder zu beseitigen?
  - Bietet die Organisation angemessene Schulungen für das gesamte Personal zu allen relevanten Themen an?
  - Bezieht die Organisation die Beschäftigten in das Gesundheits-, Sicherheits- und Umweltprogramm ein?

Die Beantwortung dieser Fragen gibt Ihnen sicherlich eine gute Grundlage, um das soziale Verhalten in Ihrer Organisation bewerten und in Richtung Nachhaltigkeit optimieren können. Vergessen Sie jedoch nicht, dass es hier um Menschen geht. Sprechen Sie mit der Belegschaft, sprechen Sie mit allen Anspruchsgruppen, damit Sie neben aller Faktenlage auch das richtige Bauchgefühl dafür bekommen, was wirklich notwendig ist und wo der Schuh tatsächlich drückt. Geben Sie den Menschen die Möglichkeit, sich vertraulich und auch anonym an Sie wenden zu können, denn als Nachhaltigkeitsmanager ist diese Grundstimmung das Fundament, auf dem Sie Ihr Nachhaltigkeitskonzept aufbauen und umsetzen müssen.

In der sozialen Dimension müssen wir uns auch darüber im Klaren sein, dass die sogenannten „Sozialen Innovationen" die Elemente sind, die überragende und umwälzende technische Innovationen erst möglich machen. Dies ist eine der wichtigsten Erkenntnisse im Bereich von Corporate Social Responsibility (CSR) bzw. Nachhaltigkeit. Zuerst muss sich das gesellschaftliche Verhalten, müssen sich die gesellschaftlichen Ansprüche ändern! Erst danach folgt die technische Innovation.

Wenn wir uns die Entwicklung weg von Desktop-PCs und Laptops hin zu Smartphones und Tablets ansehen, dann ist das, was dort geschehen ist, für mich ein Paradebeispiel und Beleg meiner These. Wir wollten einfach nicht mehr viele unterschiedliche Geräte, um zu kommunizieren, Musik zu hören, Videos anzusehen, auf Daten zuzugreifen. Nein, wir wollten ein handliches, ansprechendes und intuitiv zu bedienendes Gerät, und mit dieser gesellschaftlichen Anspruchshaltung haben wir die Impulse geliefert, die geniale Menschen wie Steve Jobs dazu gebracht haben, so etwas Tolles und Nützliches wie ein iPad oder ein iPhone zu erfinden. Erst kommt die Änderung im gesellschaftlichen Verhalten und im gesellschaftlichen Anspruch, dann folgt die technische Innovation und nicht umgekehrt.

6.5 Konzept für Ökologisches Verhalten

Wir haben die ersten beiden Hürden geschafft. Mit knallharten wirtschaftlichen Fakten haben wir einen ersten Schimmer der Begeisterung auf die Bäckchen unserer Vorstände und Bürgermeister gezaubert und wir haben die Belegschaften und Anspruchsgruppen auch emotional erreicht. Nun muss noch die Dimension der ökologischen Nachhaltigkeit gleichwertig in den angelaufenen Prozess eingebracht werden. Wir wissen, dass diese ökologische Säule fälschlicherweise oft mit der gesamten Nachhaltigkeit verwechselt wird und betrachten sie gerade deswegen erst nach der ökonomischen und sozialen Dimension, um diese Fehlinterpretation in unseren Köpfen gar nicht erst entstehen zu lassen.

Wir wollen nicht vergessen und uns immer wieder gegenseitig daran erinnern, dass der Tempel der Nachhaltigkeit nur sicher stehen und funktionieren kann, wenn seine drei Säulen gleich groß und gleich stark sind. Denn nur unter dieser Voraussetzung (unter-)stützen sich die Säulen gegenseitig optimal. Denken Sie daran, wir haben die ökonomische Säule aus taktischen Gründen als Erstes auf den Schreibtisch des Managers gestellt und damit Erfolg gehabt. Man hört uns zu und beginnt, unserer Argumentation und unseren Ratschlägen zu folgen.

Als Nächstes bauten wir die sozial/gesellschaftliche Säule auf und auch das passiert aus dem wohlüberlegtem Grund, die betroffenen Menschen mitzunehmen. Sobald die wirtschaftlichen Eckdaten geklärt sind und dem Vorstand bzw. Bürgermeister klar geworden ist, dass wir von erheblichen Kosteneinsparungen durch Prozessoptimierungen und effizienterer Energienutzung, ja sogar von Gewinnen bei der Erzeugung von Energie sprechen, haben wir nun die Aufmerksamkeit, den Nutzen eines geänderten ökologischen Verhaltens zu beleuchten.

Ich habe oft erlebt, dass Vorstände und Bürgermeister zu diesem Zeitpunkt der Diskussion begeistert von ökologischen Projekten berichten, von den sie gehört haben, und wie gut diese doch für die Umwelt sind usw. Dabei bin ich immer wieder überrascht, über welches Faktenwissen diese Manager oft verfügen, das sie sich privat oder in Seminaren angeeignet haben. Da spüre ich dann den Wunsch, sich an ökologischen Projekten zu beteiligen, was sie bisher nie konnten, da ja Umweltprojekte, grüne Projekte (pfui), immer defizitär sind! Und da kommt jetzt jemand daher und rechnet ihnen vor, dass dem nicht so ist und dass diese Projekte auch gut für die Menschen und das Betriebsklima sind. Ja, wenn das so ist, denken sich die Manager, dann können wir natürlich darüber reden!

Für eine ökologische Nachhaltigkeit sind zahlreiche Definitionen zu finden. Mir persönlich gefällt diese am besten:

Der Begriff Ökologische Nachhaltigkeit beschreibt den weitsichtigen und rücksichtsvollen Umgang mit natürlichen Ressourcen.[2]

Es geht dabei um das Überleben und den Gesundheitszustand von Ökosystemen. Eine Vernachlässigung der ökologischen Nachhaltigkeit führt demnach dazu, dass bestimmte Ressourcen unwiderruflich zerstört oder unbrauchbar gemacht werden und damit die Chancen für jegliche weiteren Entwicklungen vernichtet werden. Soweit das Gabler Wirtschaftslexikon.

Reden wir nun über das Konzept für ein ökologisches Verhalten im Rahmen eines funktionierenden Nach-

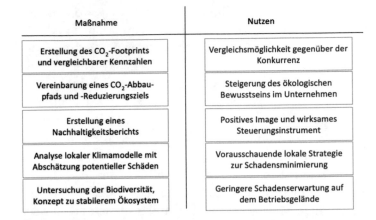

Maßnahme	Nutzen
Erstellung des CO_2-Footprints und vergleichbarer Kennzahlen	Vergleichsmöglichkeit gegenüber der Konkurrenz
Vereinbarung eines CO_2-Abbaupfads und -Reduzierungsziels	Steigerung des ökologischen Bewusstseins im Unternehmen
Erstellung eines Nachhaltigkeitsberichts	Positives Image und wirksames Steuerungsinstrument
Analyse lokaler Klimamodelle mit Abschätzung potentieller Schäden	Vorausschauende lokale Strategie zur Schadensminimierung
Untersuchung der Biodiversität, Konzept zu stabilerem Ökosystem	Geringere Schadenserwartung auf dem Betriebsgelände

Die Vereinbarung von Reduzierungszielen bei Treibhausgasen und die Analyse lokaler ökologischer Gegebenheiten steigern das Umweltbewusstsein und die Bereitschaft zu konkreten Umweltprojekten

Abb. 6.5   Ökologischer Nutzen

haltigkeitsmanagements. Sehen wir uns die folgende Tabelle typischer Maßnahmen aus der ökologischen Dimension in Abb. 6.5 an und ihren Nutzen für eine Kommune oder ein Unternehmen. Übrigens, auch die Inhalte dieser Tabelle erheben keinerlei Anspruch auf Vollständigkeit, ganz im Gegenteil. Sie sollen beispielhaft aufzeigen, was für nutzenbringende Maßnahmen in den drei Dimensionen des Nachhaltigkeitsmanagements erzielt werden können. Für Ihr konkretes Projekt, für Ihr Unternehmen oder Ihre Kommune müssen Sie diese Maßnahmenkataloge natürlich den spezifischen Gegebenheiten anpassen und erweitern. Die Beispiele zeigen Ihnen jedoch wichtige Schlüsselelemente.

Also, hier ist nun die Maßnahmen-/Nutzenmatrix der ökologischen Säule:

Klassisch ist an dieser Stelle die Erstellung eines CO_2-Inventars, des berühmten Fußabdrucks (Footprint), den die von uns verursachten Emissionen von Treibhausgasen auf dem Strand des Klimaozeans hinterlassen. Dieser Footprint ist maßgebend für unsere weitere Vorgehensweise. Wir können auf Grundlage dieses Fußabdrucks Strategien entwickeln, Maßnahmen ableiten und Projekte durchführen. Aufgrund der Wichtigkeit eines vollständigen und richtig gerechneten CO_2-Footprints werde ich auf diesen Teilaspekt der ökologischen Säule der Nachhaltigkeit etwas genauer eingehen.

Zunächst ist der allgemeine Begriff CO_2-Footprint ein wenig irreführend. Gemeint ist hier eigentlich der Fußabdruck aller definierten sechs Treibhausgase aus dem Kyoto-Protokoll, umgerechnet in sogenannte CO_2-Äquivalente. Es gibt nach derzeitigen Erkenntnissen sechs Treibhausgase, die im Kyoto-Protokoll erstmals in diesem Kontext zusammengefasst wurden. Es handelt sich um die Gase CO_2 (Kohlenstoffdioxid), CH_4 (Methan), N_2O (Lachgas), H-FKW/HFC (teilhalogenierte Flurkohlenwasserstoffe), FKW/PFC (perflourierte Kohlenwasserstoffe) und SF_6 (Schwefelhexafluorid).

Diese Treibhausgase werden unter Berücksichtigung ihrer unterschiedlichen Klimawirkungen in CO_2-Äquivalente umgerechnet und aufsummiert. So erhält man eine Bezugsgröße, mit der einfach zu rechnen ist. So ist beispielsweise das CO_2- Äquivalent von Methan 25 über einen Zeitraum von 100 Jahren betrachtet. Damit entspricht eine Tonne Methan der Klimawirkung von 25 t CO_2. Wer mehr zum Thema wissen will, kann sich im Internet zum Beispiel unter https://klimaohnegrenzen.de/ schnell die wichtigsten Fakten anlesen.

Das gezeigte Beispielkonzept aus der vorherigen Abbildung fokussiert die Problematik des Klimawandels und der dafür ursächlichen Treibhausgasemissionen. Dies ist eine sehr populäre und auch erfolgreiche Herangehensweise, da sie ein Umweltthema aufgreift, mit dem sich sehr viele Menschen beschäftigen und das sich gut dazu eignet, ein entsprechendes Bewusstsein zu erzeugen. In einer Kommune genauso gut wie in einem Unternehmen, einer Behörde oder sonstigen Organisation. Mit dem Thema Klimawandel und seinen Folgen erhalten wir also einen relativ einfachen Einstieg für ökologisches Verhalten. Dabei muss uns jedoch auch klar sein, dass es noch eine Menge anderer ökologischer Themen gibt, die wir je nach den spezifischen Verhältnissen genauso intensiv betrachten müssen wie die Emission von Treibhausgasen.

Wir sollten an die betreffende Organisation deshalb folgende Fragen richten, deren Antworten die Grundlage für ein künftig nachhaltiges und umfassendes ökologisches Verhalten sein können:

- Luftschadstoffe und Wasserverschmutzung
  - Werden durch die Organisation Luftschadstoffe emittiert?
    Wenn ja, welche und wie viel davon?
  - Werden durch die Organisation Einleitungen in Gewässer verursacht?
    (Gemeint sind hier Wasserverschmutzungen durch direkte, absichtliche oder versehentliche Einleitung in Oberflächengewässer oder durch Versickerung in das Grundwasser.)
  - Wie hoch ist die spezifische Abwassermenge der Organisation?
  - Hat die Organisation Maßnahmen zur Verringerung von Luftschadstoffen und zur Wasserreinhaltung eingeleitet?
- Abfallmanagement
  - Wie hoch ist das spezifische Abfallaufkommen? Gibt es Sonderabfälle und wie hoch ist der Anteil der Sonderabfälle am Gesamtabfallaufkommen?

- Wie hoch ist die Verwertungsquote, d. h. der Anteil der Abfälle zur Verwertung am Gesamtabfallaufkommen?
- Vertreibt die Organisation Abfälle an andere Länder? (Dabei ist gemeint, ob Abfälle an andere Länder zur Entsorgung oder zur Verwertung vertrieben werden.) Wenn ja, sind darunter Entwicklungs- oder Schwellenländer?
- Werden lokale Gemeinschaften eingebunden? (Gemeint ist die Einbindung im Hinblick auf tatsächlich und potenzielle Schadstoffemissionen und Abfall, auf entsprechende Gesundheitsrisiken sowie auf aktuelle und geplante Maßnahmen zu deren Abschwächung.)
- Welche Maßnahmen hat die Organisation zur Verringerung von Abfällen ergriffen?
- Minimierung der Risiken für Mensch und Umwelt
  - Gibt es ein Gefahrstoffaufkommen in der Organisation? Wenn ja, wie hoch ist der Anteil der Gefahrstoffe nach der länderspezifisch gültigen Gefahrstoff-Verordnung oder ähnlicher Regelungen?
  - Wie viele (meldepflichtige) umweltrelevante Unfälle, Störfälle oder Schadensereignisse gab es in den vergangenen Jahren?
  - Bestehen umweltrelevante Gefahren und Risiken?
  - Bestehen potenzielle oder besondere Gefahren und Risiken für Mensch und Umwelt durch Technik, Produktion, Transport oder sonstige unbekannte Auswirkungen?
  - Verfolgt die Organisation einen verantwortlichen Umgang mit Technologien? (Gemeint ist hier die Nutzung naturnaher, fehlertoleranter, reversibler Technologien mit geringer Eingriffstiefe, geringem und abschätzbaren Risikopotenzial.)

- Gibt es ein Programm zur Vermeidung und zum Notfallmanagement von Umweltunfällen?
- Materialverwendung und Wassernutzung
  - Wie hoch ist der Verbrauch an Roh-, Hilfs- und Betriebsstoffen?
  - Wie hoch ist der Materialanteil für Produkt- und Umverpackungen der Produkte, die die Organisation selbst produziert oder verwendet?
  - Wie hoch ist der spezifische Wasserverbrauch der Organisation?
  - Wie groß ist das Güterverkehrsaufkommen?
  - Wie viele Tonnenkilometer auf Straße, Schiene, Flugzeug oder im Schiffsverkehr verursacht die Organisation?
  - Wie viele Dienstreisen gibt es in der Organisation? Wie viele Dienstreisekilometer auf Straße, Schiene, Flugzeug oder im Schiffsverkehr entstehen dadurch?
- Abschwächung des Klimawandels → Treibhausgase
  - Gibt es bereits eine Definition der Systemgrenzen für die Organisation?
    (z. B. Grenzen des Werkgeländes, inkl. aller gefahrener Strecken bei Spediteuren, oder in der Luftfahrt inkl. aller Flugbewegungen unter 3000 ft[3])
  - Wie hoch ist die Gesamtemission von Treibhausgasen (THG) in CO_2-Äquivalenten?
  - Wie hoch sind die direkten und indirekten THG-Emissionen?[4]
  - Gibt es Maßnahmen zur Reduzierung der direkten und indirekten THG-Emissionen in der Organisation?
- Abschwächung des Klimawandels → Energieeinsparung
  - Wie hoch ist der Gesamtenergieverbrauch der Organisation für Strom, Wärme und Kälte?
  - Wie hoch ist der Kraftstoffverbrauch des eigenen Fuhrparks?

– Wie hoch ist der Anteil regenerativer Energieträger?
– Welche Maßnahmen zur Energieeinsparung und zur Erhöhung der Energieeffizienz hat die Organisation eingeführt?

• Anpassung an den Klimawandel
– Hat die Organisation ein Risikomanagement aufgebaut?
(zur Berücksichtigung der zukünftigen globalen und örtlichen Klimaprognosen und Identifizierung der Risiken für die Organisation)
– Berücksichtigt die Organisation die Auswirkungen des Klimawandels?
(bei der Planung der Landnutzung, Flächennutzung und Gestaltung der Infrastruktur sowie der Instandhaltung)
– Unterstützt die Organisation regionale Maßnahmen zur Reduzierung von Überflutungen?
(Dies beinhaltet den Ausbau von Feuchtgebieten zum Hochwasserschutz und Reduzierung der Flächenversiegelung in Stadtgebieten.)
– Trägt die Organisation zur ökologischen Bewusstseinsschärfung bei?
(Schärfung des Bewusstseins durch Bildung zur Erkenntnis der Wichtigkeit von Anpassung und vorbeugenden Maßnahmen. Herbeiführung einer entsprechenden Aktionsbereitschaft der Gesellschaft.)
– Werden Gegenmaßnahmen eingeleitet?
(Einleitung von Gegenmaßnahmen zu bestehenden oder zu erwartenden Auswirkungen. Beitrag im eigenen Einflussbereich, sodass Anspruchsgruppen Kompetenzen und Fähigkeit zur Anpassung aufbauen.)

• Umweltschutz und Artenvielfalt
– Identifiziert die Organisation negative Auswirkungen auf die Umwelt durch ihre Tätigkeit?

(Gemeint ist hier, dass potenzielle nachteilige Auswirkungen auf die Biodiversität und auf die Leistungsfähigkeit von Ökosysteme identifiziert und Maßnahmen ergriffen werden sollen, um diese Auswirkungen zu beseitigen oder zu minimieren.)

– Beteiligt sich die Organisation an den Kosten des Klimawandels?
(Gemeint ist die Beteiligung der Organisation an Marktmechanismen, um die Kosten ihrer Umweltauswirkungen zu internalisieren und durch den Schutz der Ökosystemleistungen wirtschaftlichen Wert zu schaffen.)

– Räumt die Organisation der Bewahrung natürlicher Ökosysteme höchste Priorität ein?
(Höchste Priorität zur Bewahrung natürlicher Ökosysteme einräumen, gefolgt von der Wiederherstellung von Ökosystemen. Schaffung zusätzlicher naturschutzbezogener Grünflächen, die über das gesetzlich geforderte hinausgehen)

– Verwendet die Organisation nachhaltige Produkte?
(die Organisation sollte schrittweise in größerem Umfang Produkte von Lieferanten verwenden, die nachhaltigere Technologien und Prozesse anwendet)

– Schützt die Organisation natürliche Lebensräume?
(berücksichtigt werden dabei die Entwicklung von Baumaßnahmen sowie baubiologische, ästhetische und humane Grundsätze)

Dieser Fragenkatalog sollte in jedem Fall abgearbeitet werden, um ein Konzept für ökologisches Verhalten der betroffenen Organisation erstellen zu können. Sie werden feststellen, dass allein durch die Beantwortung dieser Fragen ein Prozess innerhalb der Organisation entstehen wird, der als maßgeblich treibende Kraft für das gesamte Nachhaltigkeitsmanagement dienen kann. Ich habe an dieser Stelle schon oft erlebt, dass es in Köpfen derjenigen Menschen, die sich mit diesen Fragen auseinandersetzen, plötzlich Klick macht, und mit diesen Fragen ein Gedankenprozess in Gang kommt, der sich intensiv mit den gewaltigen Potenzialen aus der ökologischen Säule beschäftigt.

Die hier aufgeführten Fragen und viele mehr habe ich in einen selbst entwickelten Fragenkatalog integriert, mit dem ich jede beliebige Organisation hinsichtlich der Einhaltung von Nachhaltigkeitskriterien überprüfen und mit meinem eigenen Gütesiegel *Sustainability. Now.*® zertifizieren kann. Berücksichtigung fanden auch Empfehlungen aus der DIN ISO 26000[5]. Wenn Sie mehr über dieses Gütesiegel erfahren und es vielleicht auch verwenden wollen, dann können Sie sich unter http://www.nachhaltigkeit-management.de/ eingehend darüber informieren.

Das Konzept für ökologisches Verhalten nimmt innerhalb des Nachhaltigkeitsmanagements großen Raum ein, da hier so viele Fragen gestellt und beantwortet müssen, um die richtigen Aktionen und Maßnahmen ableiten zu können. Es ist Ihnen wahrscheinlich aufgefallen, dass es gerade im Energiebereich zu großen Überschneidungen zwischen der ökonomischen und ökologischen Dimension der Nachhaltigkeit kommt, die sich jedoch gegenseitig unterstützen. Das kann in der Argumentation gut genutzt werden im Sinne von „Energiekosten reduzieren und gleichzeitig der Umwelt etwas Gutes tun".

Nachdem wir nun für alle drei Dimensionen der Nachhaltigkeit Überlegungen zu entsprechenden Konzepten angestellt haben, viele Fragen gestellt und Antworten darauf erhalten haben, sind wir fast so weit, uns die unterschiedlichen Organisationsformen bezüglich Besonderheiten in puncto Nachhaltigkeit anzusehen. Bevor wir das tun, sollten wir uns jedoch noch einem Thema widmen, das, egal von welcher Organisation wir sprechen, im Kontext der Nachhaltigkeit immer wichtiger wird – der Nachhaltigkeit in der Lieferkette.

6.6 Supply-Chain-Management – Nachhaltigkeit in der Lieferkette

Das Kapitel zur Nachhaltigkeit in der Lieferkette würde eigentlich ein eigenes Buch füllen. Das Thema gehört ganz wesentlich zur Praxis eines jeden Nachhaltigkeitsmanagers und darf deshalb hier nicht fehlen. Ich werde die zentralen Punkte zumindest streifen und auf wichtige Quellen verweisen. Damit der geneigte Leser jedoch selbst tief genug in die Thematik eintauchen kann, werde ich die Nachhaltigkeit in der Lieferkette anhand eines kleinen Praxisbeispiels erläutern, zu dem ich Sie herzlich einlade, es nachzuspielen. In meinen Seminaren zum Thema Supply Chain habe ich mit dieser Übung sehr gute Erfahrungen gemacht. Es geht dabei um die Beschaffung von Reifen für ein Unternehmen mit einem großen Fuhrpark. Lassen Sie sich einfach darauf ein, es wird Ihnen bestimmt Spaß machen und etliche Aha-Effekte auslösen!

Doch zunächst einmal etwas Theorie: Supply-Chain-Management – was ist das?

Die Wurzeln des Supply-Chain-Managements (SCM) sind Anfang der 80er-Jahre in der USA gewachsen und das Thema ist wie so vieles anderes Mitte der 90er-Jahre nach Deutschland herübergeschwappt und gewinnt seitdem auch hier zunehmend an Bedeutung. Allerdings wird SCM auch mehr und mehr „grüner" und dann oft auch falsch verstanden. Hier ist Vorsicht geboten, denn auch im SCM müssen immer alle drei Dimensionen der Nachhaltigkeit gleichwertig betrachtet werden, sonst verpuffen hier gleichfalls die investierten Anstrengungen.

Die Nachhaltigkeit in der Lieferkette beginnt mit der Förderung guter Unternehmensführung und führt über den Einkauf und die Produktion zur Nutzung und anschließender Wiederverwertung (siehe auch die nachfolgende Abb. 6.6). Nachhaltigkeit in der Lieferkette ist Teil einer Kreislaufwirtschaft (circular economy) über den gesamten Lebenszyklus eines Produkts.

Die Möglichkeit zu finanziellen Einsparungen ist oft die Brücke zum SCM und wird daher gleich zu Beginn einer internen Diskussion in den Vordergrund gestellt. Wir dürfennicht vergessen, dass SCM das nachhaltige Management der ökologischen, sozialen und wirtschaftlichen Auswirkungen über den gesamten Produktlebenszyklus darstellt und die Möglichkeit damit Kosten zu reduzieren ein unschlagbares Argument für deren Einführung ist.

Für Waren und Dienstleistungen sieht dann eine nachhaltige Lieferkette folgendermaßen aus:

- Forschung und Entwicklung (Innovationen)
- Einkauf/Beschaffung
- Produktion (Waren), Infrastruktur (Dienstleistungen)
- Produktnutzung (Waren), Dienstleistung

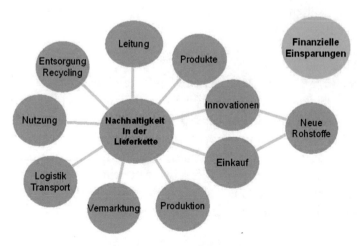

Abb. 6.6   Aspekte einer nachhaltigen Lieferkette

- Logistik
- Recycling (Waren)

Die Infrastruktur einer Dienstleistung ist beispielsweise das Krankenhaus für den Pflegedienst oder der Kindergarten für die Erzieherin. Die Entwicklung innovativer Produkte und Dienstleistungen kann dabei ein Alleinstellungsmerkmal für die Organisation bedeuten und so einen Vorsprung vor den Mitbewerbern bieten.

An dieser Stelle möchte ich auf das Deutsche Global Compact Netzwerk verweisen und Ihnen die Lektüre des Hintergrundpapiers Innovation und Nachhaltigkeit[6] empfehlen. Die Global Compact der Vereinten Nationen ist eine strategische Initiative für Unternehmen, die sich verpflichten, ihre Geschäftstätigkeiten und Strategien an zehn universell anerkannten Prinzipien aus den Bereichen Menschenrechte, Arbeitsnormen, Umweltschutz und Korruptionsbekämpfung auszurichten.

Gut, das reicht jetzt erst mal an Theorie. Zeit für die erste Übung, die Sie alleine oder mit mehreren Teilnehmern machen können. Bei einer größeren Teilnehmerzahl sollten Sie Gruppen zu je drei bis vier Personen bilden.

Übung 1

Sind Sie soweit? Dann gehen Sie einige Zeilen zurück und prägen Sie sich die einzelnen Elemente einer nachhaltigen Lieferkette ein. Stellen Sie sich nun vor, dass Sie vom Vorstand Ihrer Organisation beauftragt wurden, einen neuen Typ Autoreifen für den Fuhrpark Ihres Unternehmens zu beschaffen. Skizzieren Sie in etwa zehn Minuten eine mögliche Supply Chain für die Beschaffung und berücksichtigen Sie dabei folgende Randbedingungen:

- Nehmen Sie an, dass die Lieferanten im Ausland angesiedelt sind.
- Beachten Sie die komplette Prozesskette von Forschung und Entwicklung bis zum Recycling.
- Notieren Sie sich die wesentlichen Punkte der Supply Chain auf Kärtchen oder Notizzetteln.
- Bringen Sie nun Ihre Supply Chain in einer sinnvollen Reihenfolge und kleben oder heften Sie diese auf ein Blatt Papier oder eine Moderationswand.

Sehen Sie sich Ihr Ergebnis an. Ergibt die Lieferkette Sinn? Welche Erkenntnisse bezüglich Nachhaltigkeitskriterien haben Sie gewonnen?

Wahrscheinlich haben Sie sich gefragt, wie Sie sicherstellen können, dass Ihre Lieferanten gleichfalls Nachhaltigkeitskriterien beachten. Sie haben sich sicher auch gefragt, welche Teile in der Lieferkette Sie unter den gegebenen Rahmenbedingungen dennoch regional beziehen können. Möglicherweise sind Sie auf weitere Faktoren und Kriterien wie ressourcenschonende Rohstoffe und Produktion, Rollwiderstände der Reifen, Transportfragen und andere Punkte gekommen. Diese kurze Übung hat Sie aller Wahrscheinlichkeit nach tief in die Thematik der Nachhaltigkeit in der Lieferkette gezogen und daher ist nun wieder die Zeit für etwas Theorie.

Wir haben das Bild des antiken Tempels der Nachhaltigkeit vor uns und wir wissen, dass immer alle drei Säulen betrachtet werden müssen. Auch beim Supply-Chain-Management sehen wir uns die drei thematischen Kategorien, die Ökonomie, das Soziale und die Ökologie genau an. Um die folgenden Punkte müssen wir uns kümmern, wenn wir eine nachhaltige Lieferkette sicherstellen wollen:

- Nachhaltige Lieferkette → Ökonomie
  - Sicherung des Fach- und Expertenwissens innerhalb der Organisation
  - Balance schaffen zwischen den Unternehmensinteressen und den Interessen der Stakeholder
  - Optimierung von Geschäftsprozessen
  - Gewährleistung und Sicherung der Wettbewerbsfähigkeit
- Nachhaltige Lieferkette → Soziales
  - Auswirkungen auf die Gesellschaft
  - Einhaltung von Mindeststandards
  - Berücksichtigung der Stakeholder-Interessen
  - Verbesserung der gesellschaftlichen Akzeptanz
  - Gesundheit und Arbeitssicherheit
- Nachhaltige Lieferkette → Ökologie
  - Kleinstmöglicher Einsatz von Material- und Energie (Ressourcen-Effizienz)
  - Umwelt- und Klimaschutz
  - Gefahrstoffe
  - Anlagen- und Transportsicherheit

Die Punkte kommen Ihnen bekannt vor?

Ja, denn wir haben sie ausführlich in den letzten drei Kapiteln behandelt. Es ist jedoch wichtig, dass wir uns beim Thema Nachhaltigkeit in der Lieferkette die Kernpunkte der Anforderungen an die Lieferkette vor Augen führen.

Erinnern Sie sich an die Checklisten in diesem Kapitel? Mit deren Hilfe können wir die wichtigsten Inhalte aus den drei Dimensionen der Nachhaltigkeit für unser Supply-Chain-Management abfragen und auch sicherstellen.

In der Ökonomischen Dimension müssen die Zuständigkeiten innerhalb des Managementsystems klar geregelt sein. Hierzu gehört das Bekenntnis des Vorstandes/der

Geschäftsführung/Obersten Leitung zur Nachhaltigkeit und die Selbstverpflichtung, definierte Ziele anzustreben und tunlichst zu erreichen. Man spricht dann von einem kontinuierlichen Verbesserungsprozess (KVP). Dazu gehört auch die Bestellung eines Beauftragten für Nachhaltigkeit mit direktem Berichtsweg zur Obersten Leitung, sowie die Bekämpfung von Korruption.

In der Sozialen Dimension müssen wir auf die Einhaltung von Sozialstandards achten, dazu kommen der Gesundheitsschutz und die Arbeitssicherheit. Die Einhaltung von Gesetzen und branchenüblichen Standards gehört genauso dazu wie die Beachtung der Auswirkungen des unternehmerischen Handelns auf das gesellschaftliche Umfeld, auf die Anspruchsgruppen. Hier sind regelmäßige Risiko- und Akzeptanzabschätzungen sehr hilfreich.[7]

In der Ökologischen Dimension geht es dabei um die Implementierung von Umweltrichtlinien, um Recyclingsysteme und Verschmutzungsprävention sowie das Ausschließen unerlaubter Materialien in Produkten und in der Produktion. Wir beachten den betrieblichen Umwelt- und Klimaschutz und achten darauf, dass Ziele und Maßnahmen zur Verringerung von Treibhausgasemissionen vorhanden sind. Der bewusste Umgang mit natürlichen Ressourcen und die Substitution von Gefahrstoffen sind in unserem Fokus (wichtig dabei die Kennzeichnung und Lagerung).[8]

Nachdem wir die thematischen Kategorien einer nachhaltigen Lieferkette in allen drei Dimensionen der Nachhaltigkeit betrachtet haben, müssen wir uns Gedanken über die Voraussetzungen machen, die für die Implementierung von Nachhaltigkeit in der Lieferkette erforderlich sind. Folgende Aspekte sollten vor einer Implementierung überdacht und abgewogen werden:

- Ist ein Imagegewinn zu erwarten?
- Entsteht womöglich ein Umsatzrisiko? Wie sieht das Kosten-/Nutzenverhältnis aus?
- Besteht ein Ausfallrisiko? Bleibt die Lieferfähigkeit unter „verschärften" Bedingungen erhalten?
- Gelingt der Aufbau langfristiger und stabiler Lieferbeziehungen?
- Entsteht ein Qualitätsrisiko? Bleibt die Qualität erhalten? Finden wir kostengünstigere Alternativen bei Material und Vorprodukten?
- Wie passt Nachhaltigkeit zur Firmenphilosophie? Brauchen wir eine neue Vision?
- Handeln wir wegen Kundendruck oder aus eigener Überzeugung?
- Welche Nachhaltigkeitsaspekte passen zum Unternehmen?
- Wie stehen wir im Vergleich zu unseren Mitbewerbern? Wie können wir uns absetzen (Alleinstellungsmerkmale)?

Lassen Sie uns zur Auflockerung mit unserem Beispiel von vorhin weitermachen: Sie erinnern sich, wir haben zunächst eine nachhaltige Lieferkette für unsere Autoreifen definiert. Nun sind wir (virtuell) soweit, dass wir unserem Vorstand/der Geschäftsführung den Vorschlag unterbreiten wollen, wie wir zukünftig unseren Fuhrpark mit einem nachhaltigen Reifen ausstatten, wobei wir alle Schritte in der Lieferkette, von der Produktion bis zum Recycling betrachten werden.

Übung 2

- Nehmen Sie zunächst den Standpunkt des Nachhaltigkeitsmanagers ein und überlegen Sie sich Gründe und Argumente, die für die Einführung von Supply-Chain-Management in Ihrer Organisation sprechen. Halten Sie die Ergebnisse schriftlich fest.

- Nehmen Sie nun den Standpunkt eines kritischen Vorstandes ein und erarbeiten Sie Gründe und Argumente, die gegen die Einführung von Supply-Chain-Management sprechen. Halten Sie auch diese Ergebnisse schriftlich fest.
- Vergleichen Sie Ihre Pro- und Kontra-Argumente und überlegen Sie sich, wie Sie als Nachhaltigkeitsmanager in Ihrem Vortrag am besten Vorbehalte entkräften und Ihr Ziel erreichen können.

Diese Übung habe ich in Seminaren oft durchgeführt, wobei die Teilnehmer durch die unterschiedlichen Blickwinkel zu wertvollen Erkenntnissen über ihre eigene Organisation und deren Standpunkte gelangten. Wenn Sie sich bereits im Vorfeld auf die sicherlich kommenden kritischen Fragen und Killerphrasen einstellen, wird Sie so schnell nichts überraschen können. Machen Sie Ihrem Vorstand mit einfachen Worten klar, dass es triftige *ökonomische* Gründe für die Nachhaltigkeit in der Lieferkette gibt:

- Geschäftsrisiken werden begrenzt durch die Wahrung des guten Rufes und des Markenwertes (Branding).
- Effizienzgewinne können erzielt werden durch Kostensenkungen bei Rohstoffen, Energie und Transport sowie durch Steigerung der Arbeitsproduktivität und der Effizienz der gesamten Lieferkette.
- Die Herstellung nachhaltiger Produkte und Dienstleistungen erfüllte die Anforderungen von Kunden, Konsumenten und Geschäftspartnern und verschafft Alleinstellungsmerkmale (sogenannte USPs: Unique Selling Points).

Werfen wir nun noch einen Blick auf die Beschaffungsprozesse im Kontext einer nachhaltigen Lieferkette:

- Der Aufbau von Know-how ist dringend erforderlich; wichtig ist dabei:
  - Hintergrundwissen zu den einzukaufenden Produkten
  - Das Vorhandensein oder Erlernen der entsprechenden Sprachkenntnisse
  - Kulturelle Gepflogenheiten
  - Hintergrundwissen zu kritischen und unkritischen Ländern und Lieferanten
- Optimierung der Beschaffungsprozesse durch:
  - Regelmäßige Preisverhandlungen mit langjährigen Lieferanten
  - Lieferantenkonsolidierung und -bündelung
  - Transparenz – Rückverfolgbarkeit
  - Produktspezifikation und Kenntnis der erforderlichen Bedarfe
  - Entwicklung von Waren- und/oder Materialgruppen

Des Weiteren sollte auch ein Lieferantenmanagement eingeführt werden, wenn es nicht bereits schon existiert. Je nach Größe und Möglichkeiten des Unternehmens sollten Lieferantenmanager für bestimmte Kontinente, Länder, Ländergruppen oder Regionen verantwortlich sein. Durch den permanenten Umgang mit „ihren" Lieferanten sind diese Mitarbeiter in der Lage, spezielles Wissen über Land und Leute zu entwickeln und mit ihren Kontaktpartnern auf Augenhöhe offen über Probleme im Tagesgeschäft zu sprechen. Das erhöht nicht nur die Sicherheit beim Einkauf, es ermutigt auch die Lieferanten, offen über Mängel zu sprechen oder gar um Hilfe zu bitten. Gemeinsam kann so eine Weiterentwicklung der Nachhaltigkeit vorangebracht werden.

Teilen Sie dem Lieferanten ihre Nachhaltigkeitserwartungen mit. Nehmen sie diese Erwartungen, insbesondere in Form eines Code of Conduct, in die

Lieferantenverträge auf. Fordern Sie die Lieferanten auf, Ihre Nachhaltigkeitsleistung selbst zu bewerten und führen sie Leistungsbeurteilungen vor Ort durch.

Unterstützen Sie Ihre Lieferanten dabei, vorhandene Nachhaltigkeitsprobleme anzugehen. Stellen Sie Ihnen dazu entsprechende Ressourcen zur Verfügung, schulen und helfen Sie dabei, deren Nachhaltigkeitsmanagement zu verbessern. Leisten Sie Unterstützung dabei, die Ursachen für eine schlechte Leistung in Sachen Nachhaltigkeit selbstständig zu beseitigen.

Absolut wichtig ist auch hier die interne und externe Kommunikation nach dem Motto: „Tue Gutes und rede darüber".

- Interne Kommunikation:
  - Mitarbeiter als Botschafter (glaubwürdig, kostengünstig, effizient)
  - Informationsveranstaltungen, z. B. Tag der offenen Tür
  - Besprechungen und Abstimmungs-Meetings
  - Schreiben der Unternehmensführung/Informationsbroschüre
  - Einstellungsgespräche
  - Intranet – Unternehmenszeitschrift
- Externe Kommunikation:
  - Presse- und Medienarbeit
  - Internet – Homepage, Facebook, Twitter, …
  - Newsletter
  - CSR- und/oder Nachhaltigkeitsbericht
  - Am besten: Verknüpfung interner und externer Kommunikation (Synergie-Effekte)
  - Das Schwarze Brett (intern und extern)

Kommunikation ist eine mächtige Waffe zur Durchsetzung von SCM. Mit speziellen Techniken wie auch der

Verwendung von transformatorischen Vokabular und von superlativischen Wortstrukturen können die internen und die externen Bedenkenträger zum Verstummen gebracht werden. Mehr dazu später.

Auch die Zusammenarbeit mit Initiativen unterstützt das nachhaltige Management und gibt neue Impulse für den Austausch mit Gleichgesinnten aus unterschiedlichen Branchen. Das Teilen von Best Practices unterstützt die Entwicklung der eigenen Performance und ist auch Bestandteil von Nachhaltigkeit in der Lieferkette.

Es gibt viele branchenspezifische Organisationen und Verbände, denen man sich anschließen kann, und Sie werden die für Sie zutreffenden entweder bereits kennen oder sehr schnell finden.

Dem Networking sollten Sie gerade beim Aufbau eines Sustainable-Supply-Chain-Managements besondere Beachtung schenken, denn Sie müssen auch hier das Rad nicht neu erfinden und können von den Erfahrungen anderer lernen. Es gibt sehr viele Networking-Plattformen, wie beispielsweise XING und LinkedIn um nur zwei davon zu nennen. Wie in jedem Netzwerk müssen Sie erst einmal ein persönliches Netzwerk aufbauen und entsprechend Zeit investieren. Ich habe jetzt nach etlichen Jahren ein spezielles Netzwerk an Kontakten und Gruppen im Bereich Nachhaltigkeit aufgebaut, von dem ich zunehmend profitiere.

Nachdem wir nun die Nachhaltigkeitsaspekte in der Lieferkette beleuchtet haben, die für alle Organisationen und Unternehmen gleich sind, wollen wir uns einigen Besonderheiten zuwenden.

Sehen wir uns drei wichtige Bereiche für den Einsatz von Nachhaltigkeitsmanagements an: Kommunen, Unternehmen und (Luft-)Verkehrsbranche. Warum gerade diese Bereiche? Zum einen sind dies Akteure mit einem besonders großen Einfluss auf die aktuellen und drängenden Themen im Kontext von Nachhaltig-

keit. Dazu gehören die Reduzierung der Treibhausgasemissionen, die Beteiligung und Mitwirkung von
möglichst vielen Menschen auf dem Weg zur Nachhaltigkeit und der Bewahrung und Pflege der natürlichen Umwelt. Zum anderen kann ich die Mechanismen
und Besonderheiten eines Nachhaltigkeitsmanagements
besonders gut an diesen Gruppen erläutern, da ich mit
ihnen viele einschlägige (und oft auch schmerzhafte)
Erfahrungen machen konnte (musste). Zunächst möchte
ich auf die Besonderheiten bei Kommunen eingehen, da
dort der Faktor der sozialen Dimension der Nachhaltigkeit
besonders anschaulich zutage tritt.

6.7 Nachhaltigkeitsmanagement in Kommunen

Die Kommune auf dem Weg zur Nachhaltigkeit

Kommunales Nachhaltigkeitsmanagement setzt Methoden
und Konzepte zur Kostenreduzierung und zur nachhaltigen ökonomischen, ökologischen und sozialen Entwicklung von Kommunen ein.

Die gesellschaftlichen und politischen Erwartungen an
die Kommunen sind hoch. Dazu bremsen zurückgehende
Steuereinnahmen, der Kostendruck durch schrumpfende
Budgets und steigende Ausgaben im sozialen Bereich die
Investitionskraft der Kommunen erheblich. Die Hand-
lungsspielräume der Kommunen werden kleiner, obwohl
dringliche Themen im Zusammenhang mit einer älter
werdenden Gesellschaft, gestiegenen Erwartungen aus
Politik und Bevölkerung an den Umweltschutz und
gestiegenen Ansprüche durch höheren Lebensstandard
zu ständig wachsenden Aufgaben wie auch Ausgaben der
Kommunen führen.

Wie kann eine Kommune bei gleichem oder sogar abnehmendem Personalstand da noch den Überblick behalten? Wie sollen all die Leitlinien, Stadtentwicklungsziele und Strategischen Ziele erreicht bzw. umgesetzt werden? Schnell kann diese Vielzahl von Aufgaben und Zielen die Kapazitäten einer Kommunalverwaltung übersteigen und inhaltlich schwer zu greifen sein.

An diesen Fragestellungen setzt ein Kommunales Nachhaltigkeitsmanagement an. Es nimmt vorhandene gemeinschaftliche Strukturen auf, verknüpft lose Enden, steigert die Effizienz der laufenden Prozesse und fördert den Zusammenhalt der Bürgerschaft. Kommunales Nachhaltigkeitsmanagement befasst sich darüber hinaus mit drängenden Themen der Gegenwart wie Ressourcenschonung, Kreislaufwirtschaft, Klimaschutz, Erneuerbare Energien, Flächeninanspruchnahme, Artenvielfalt und Mobilität im kommunalen Umfeld.

Kommunales Nachhaltigkeitsmanagement ist ein ganzheitlicher Ansatz, der zwangsläufig zu bedeutenden Kostenreduzierungen in der Kommune führt, ohne dabei die Belange und Bedürfnisse der Bürgerschaft und der Umwelt zu vernachlässigen. Es zielt auf einen möglichst hohen Erholungswert und Schutz der örtlichen Naturfläche zum Wohl von Bürgern und Touristen. Mithilfe unseres Dreisäulenmodells, das die ökonomische, die soziale und die ökologische Dimension der Nachhaltigkeit umfasst, wird dem ganzheitlichen Ansatz des Kommunalen Nachhaltigkeitsmanagements Struktur und Methodik gegeben.

Systemgrenzen

An was denken wir eigentlich, wenn wir von Kommunalem Nachhaltigkeitsmanagement reden? Zunächst einmal: Was ist eine Kommune?

Ist eine Kommune identisch mit einer Gemeinde und wenn ja, was ist dann eine Gemeinde? Oder sind auch Städte eine Kommune, unabhängig von ihrer Größe? Vielleicht wäre ja auch Größe, sprich Einwohnerzahl eine geeignete Kennzahl, um eine Kommune zu definieren. Ich habe für mich selbst noch nicht die eindeutige Definition gefunden. Daher verwende ich zur Eingrenzung die überall verwendeten politischen Ebenen eines (demokratischen) Staates. Demnach ist alles unterhalb der (Bundes-) Landesebene der Kommunalebene zuzuordnen.

Gut, die Frage nach dem Was haben wir geklärt. Mit Kommune meinen wir also alle großen und kleinen Gemeinden, Märkte und Städte. Dabei ist das gemeinsame Identifikationsmerkmal, dass jede Kommune eine eigene Verwaltung hat, die diese Kommune steuert und nach wirtschaftlichen Gesichtspunkten führt, wobei per Definition das Wohl der Bürgerinnen und Bürger immer im Vordergrund steht.

Damit haben wir die wichtigste Besonderheit im Kommunalen Nachhaltigkeitsmanagement bereits identifiziert. Die Bürgerinnen und Bürger stehen im Zentrum des kommunalen Handelns.

Umfeld und Kommunikation

Mit der Verkehrsinfrastruktur, der Energie- und Wasserversorgung, der Abwasser- und Abfallentsorgung, den kommunalen Dienstleistungsangeboten und Einkaufsmöglichkeiten, den kulturellen Angeboten, dem Vereinswesen und sonstigen Festen und Events haben wir eine Liste von Zuständigkeiten und Aufgaben einer Kommune, die noch lange fortgesetzt werden könnte.

All diese Aufgaben gelten für jede Kommune auf der Welt, für New York City genauso wie für meine kleine Heimatgemeinde Hohenlinden in Bayern. Alle Maßnahmen der ökonomischen und ökologischen Säule können unabhängig von der Größe der Kommune eins zu eins angewendet werden. Die größten Unterschiede im Anwendungsbereich gibt es in der sozialen Dimension. Das Kommunikationsverhalten und die Kommunikationsmöglichkeiten in einer Gemeinde mit 3000 Einwohnern sind nun mal völlig anders als in einer Kreisstadt mit 30.000 Einwohnern oder einer Mega-City mit 3.000.000 Einwohnern. In der Gemeinde kennen sich noch viele Menschen persönlich. Ob beim Bäcker, im Verein, beim Spazierengehen, am Bauhof, bei Festen, am Weihnachtsmarkt, im Rathaus usw. – überall läuft man sich über den Weg und kommuniziert mehr oder weniger direkt miteinander. Dies ist bei einer Kreisstadt schon viel weniger der Fall und in der besagten Mega-City völlig unmöglich.

Für das Kommunale Nachhaltigkeitsmanagement bedeutet dies, dass viele Methoden und Maßnahmen aus der sozialen Säule in Städten als Ganzes nicht möglich sind. Es gibt jedoch hier die Möglichkeit, wieder kleinteiliger zu werden und in Bezirken oder Vierteln dies umzusetzen, was als Ganzes in Städten einfach nicht geht. Das kann so weit gehen, dass beispielsweise ein Viertel, ein Quartier, ein Hochhaus, ein Wolkenkratzer die Einheit bildet, in der Kommunales Nachhaltigkeitsmanagement wieder in allen drei Dimensionen vollumfänglich umsetzbar ist.

Wir reden also von überschaubaren Menschenmengen. Überschaubar bedeutet für mich, dass mindestens 5 bis 10 % der Menschen eines bestimmten Gebietes Kommunikationsbeziehungen egal welcher Art untereinander haben. Woher ich die Zahlen habe? Reines Bauchgefühl, das für mich als Summe meiner Erfahrungen im Bereich Kommunikation jedoch stimmig ist.

Soziale Strukturen

Gehen wir also jetzt davon aus, dass wir so ein überschaubares Quartier, Viertel, eine Gemeinde, einen Gebäudekomplex in einer beliebigen Stadt, einen Wolkenkratzer in einer Mega-City vor uns haben und dort Nachhaltigkeitsmanagement erfolgreich implementieren und betreiben wollen.

In diesem (noch) überschaubaren Gebiet finden wir Strukturen vor, die zur Umsetzung nachhaltiger Entwicklung bestens geeignet sind. Wir finden hier noch sehr oft gemeinschaftliche Strukturen und menschliche Beziehungsgeflechte, die sich ausbauen und nutzen lassen. Wo solche Strukturen fehlen, ist dennoch oft die latente Bereitschaft da, sich an einem Prozess innerhalb der eigenen Kommune zu beteiligen, wenn er entsprechend verständlich und attraktiv ist.

Attraktiv kann die Teilnahme an einem Prozess sein, der zu einer nachhaltigen Entwicklung der Kommune führt. Wieso ist das so? Na, ja, ich denke, jeder von uns, der die Trends und Tendenzen in wichtigen Themenfeldern wie Energiewende, Klimawandel und seine Folgen, Finanzkrisen und die damit verbundenen Unsicherheiten des eigenen Ersparten, den Zusammenhang zwischen Zivilisationskrankheiten und Umweltbelastungen mehr oder weniger intensiv verfolgt, macht sich Gedanken darüber, was hier zu tun ist. Wenn man nun diese Menschen, sprich jeden von uns, anspricht, dass jede Kommune ihren Teil zur Problemlösung beitragen kann und dieser Beitrag für jeden einzelnen Beteiligten wirtschaftliche und gesellschaftliche Vorteile hat und dabei auch noch ein positiver Beitrag zum Erhalt der Umwelt erzielt werden kann, dann haben wir sehr starke und überzeugende Argumente zur Hand.

Zudem ist das Thema bei uns allen angekommen. Na, ja, sagen wir mal mehr oder weniger. Die eingangs beschriebenen Verwirrungen bei der Begrifflichkeit Nachhaltigkeit haben das Ihre dazu beigetragen, dass nicht alle mit Nachhaltigkeit etwas anfangen können.

Entscheidend für das Gelingen einer nachhaltigen kommunalen Entwicklung ist die Kommunikation. Gut, kann man sagen, Kommunikation ist immer wichtig. Schon richtig, hier meine ich jedoch die Kommunikation mit möglichst vielen Bürgerinnen und Bürgern.

Stellen wir uns doch einmal vor, da kommt so eine Figur im Nadelstreifenanzug zur nächsten Bürgerversammlung, wird von der Verwaltung kurz vorgestellt und fängt dann an, uns mit einer 50-seitigen Präsentation zu quälen. Diese Person haut uns innerhalb einer Stunde alle möglichen unverständliche Begriffe wie 2-Grad-Problem, CO_2-Äquivalente, Biodiversität, sustainable development, carbon storage system, Biofuel, Mitigation der Folgen des Klimawandels und vieles mehr um die Ohren.

Wie würden wir da reagieren? Wir würden gehen, so schnell es geht, oder nach einem Viertelstündchen einschlafen.

Nein, das ist sicher nicht die richtige Kommunikation. Kommunales Nachhaltigkeitsmanagement erfordert an zentraler Stelle die direkte und verständliche Kommunikation an die und mit der Bürgerschaft.

Besprechen wir also zunächst die Art und Weise einer Kommunikation, die notwendig ist, um ein erfolgreiches kommunales Nachhaltigkeitsmanagement zu etablieren. Vieles von dem, was wir jetzt hier besprechen und festzurren, werden wir im nächsten Kapitel, wo es um Unternehmen geht, wieder gebrauchen können.

Kommunikation mit Bedenkenträgern

Zunächst einmal muss uns eines völlig klar sein: Wenn wir in einer beliebigen Kommune im Rahmen einer Informationsveranstaltung unser Nachhaltigkeitskonzept vorstellen und erläutern, dann wird es immer mindestens einen Bedenkenträger (siehe Abb. 6.7) geben, der oder die alles an Intelligenz und Wissen einsetzen wird, um uns und vor allem seinen Mitbürgerinnen und Mitbürgern zu beweisen, dass unser Nachhaltigkeitskonzept nicht funktionieren wird.

Die Manifestierung des Bedenkenträgers hat der Künstler Thomas Fiedler in eindrucksvoller Weise geschaffen. Der Bedenkenträger steht in Bayern, in Hörbach, Gemeinde Althegnenberg. Die Aufnahme des Bedenkenträgers stammt von Kreisheimatpfleger Toni Drexler, der mir freundlicherweise die Verwendung des Fotos gestattet hat.

Dass diese Person, dieser Bedenkenträger (oder wenn es noch schlimmer kommt, die Personen und die Bedenkenträger) da sein wird, das ist so sicher wie das Amen in der

Abb. 6.7 Der Bedenkenträger, Künstler Thomas Fiedler, Foto Toni Drexler

Kirche. Gehen Sie davon aus, dass dies eine gesicherte Tatsache ist und stellen Sie sich besser von vornherein darauf ein. Wenn Sie sich auf diese Situation vorbereiten, dann haben Sie schon halb gewonnen. Wenn nicht, wenn Sie sich nicht gründlich auf Bedenkenträger vorbereiten und keinen gelassen Zustand dazu einnehmen können, dann haben Sie verloren, bevor Sie auch nur angefangen haben.

Neben diesen überwiegend beratungsresistenten Bedenkenträgern und Generalverweigerern gibt es natürlich auch Menschen mit Ängsten vor Neuem und vor Veränderungsprozessen, dazu Menschen mit falschen Informationen im Kopf und Menschen, die sich mit dem Thema Nachhaltigkeit noch nie beschäftigt haben. Für all diese Menschen muss eine gemeinsame Sprache gefunden werden, wenn wir erfolgreich sein sollen.

Und diese Sprache muss, ich betone MUSS, bestimmten Grundsätzen genügen:

- Absolute Ehrlichkeit, kein Gefunkel, keine Halbwahrheiten oder Beschönigungen
- Niemals ein „aber" auf Zwischenfragen oder Einwände (warum, erkläre ich später)
- Den Blickpunkt der Zuhörer und Gesprächspartner einnehmen
- Transformatorisches Vokabular verwenden (wie, erkläre ich später)
- In klaren Worten und einfachen Bildern sprechen

Vertrauen Sie mir und nehmen Sie diese Grundsätze erst einmal als erlebten, erprobten und erfolgreichen Kommunikationsstil an.

Grenzen

Bei aller Offenheit, allem Einfühlungsvermögen und aller Diplomatie werden Sie jedoch manchmal an Grenzen stoßen, jenseits derer eine sinnvolle und erfolgreiche Arbeit nicht mehr möglich ist. Ich möchte das an einer Situation verdeutlichen, die mir einmal passiert ist. Ich habe vor einiger Zeit ein kommunales Nachhaltigkeitsprojekt geplant, das auch eine Bürgerenergie-Genossenschaft beinhaltete. Die Genossenschaft sollte möglichst lokale und erneuerbare Energie produzieren, einen Beitrag zum Klimaschutz liefern und die Bürgerschaft auf dem Weg zu einer lokalen Energiewende mitnehmen. Ein erst mal guter Ansatz, der ja auch schon vielfach funktioniert hat.

Ich habe zunächst die Ist-Daten der Kommune erhoben, d. h. Einwohnerzahl, Anzahl der Haushalte, Gewerbestruktur und natürlich die Energieverbräuche für Wärme und Strom. Anschließend habe ich mir die örtlichen Gegebenheiten und Potenziale angesehen und schnell war klar, dass bei der landwirtschaftlichen Prägung der Kommune, Biogas und Biomasse wichtige Themen sein würden. Auch die Photovoltaik versprach ein relativ großes Potenzial, da bis zu diesem Zeitpunkt kein Dach einer kommunalen Immobilie eine PV-Anlage hatte.

Die Überlegung war daher, mit Photovoltaik zu starten, da es dort keine technischen Überraschungen mehr gibt und die Wirtschaftlichkeit bei Eigenverbrauch immer gegeben ist. Es lag also auf der Hand, für die Mehrzweckhalle und die Schule Photovoltaikanlagen zu planen und auf maximalen Eigenverbrauch zu optimieren. Ich möchte an dieser Stelle nicht auf die technischen Einzelheiten eingehen, denn diese waren wie meist nicht das Problem bei der ganzen Sache. Es gab zwar auch hier erhebliche Anfangsbedenken zu überwinden, die auch mich zunächst überraschten, mit denen aber jeder Nachhaltigkeitsmanager früher oder später konfrontiert wird und damit zurechtkommen muss.

Mir hat man an diese Stelle Dinge gesagt wie „… mein Schwager ist Elektriker und der hat gesagt, dass das nicht geht …", oder „… ich weiß genau, das rechnet sich nicht …", bis zu „… ich glaube nicht, dass das geht und selbst wenn, glaube ich nicht, dass es wirtschaftlich ist …". (Wir werden diese Glaubensbekenntnisse und wie wir damit umgehen sollten noch genauer im Kapitel zum Nachhaltigkeitsmanager besprechen.)

An dieser Stelle war ich schon an einem grenzwertigen Punkt angelangt, was mir damals jedoch noch nicht klar war. Wenn ein Mensch Ihnen gegenüber mit festen Glaubensbekenntnissen argumentiert, können Sie dem nichts entgegensetzen. Der Glaube von Menschen ist die stärkste und am schwersten zu überwindende Mauer, vor der Sie als Nachhaltigkeitsmanager stehen können. Manchmal ist diese Mauer unüberwindbar. Manchmal jedoch, wenn es wie hier um Glaube bzw. Unglaube von technischer Machbarkeit und Wirtschaftlichkeit geht, können Sie mit Fakten dagegen angehen und manchmal auch Erfolg haben. Dies war auch bei mir zunächst der Fall.

Nachdem ich eine akribische und über alle Erfordernisse hinaus detaillierte technische Planung und Wirtschaftlichkeitsberechnung für die Photovoltaik-Anlagen erstellt und erläutert hatte, war eine Mehrheit überzeugt.

Überzeugt ja, aber auf keinen Fall begeistert, da standen keinesfalls hoch motivierte potenzielle Projektmitglieder vor mir, sondern ein kleines Häuflein von Bürgerinnen und Bürgern, denen bei aller Faktenlage Zweifel, Unsicherheit und Angst vor Neuem in den Gesichtern geschrieben stand.

Diese grundsätzlichen Zweifel zu überwinden, war jedoch noch der einfachere Teil. Nun wurden Stimmen laut, dass auf die Schule keine Photovoltaikanlage gebaut werden darf, weil deren Strahlung die Kinder schädigen würde, die in der Schule unterrichtet werden. Nein, das ist kein Witz, das war und ist den Leuten dort ernst! Es gab den fest verwurzelten Glauben, dass dies so ist und die Tatsache, dass auf sehr vielen privaten Hausdächern PV-Anlagen installiert waren, unter denen sich viele Kinder aufhielten, schien merkwürdigerweise bei der Bewertung der Schule keine Rolle zu spielen. Es lag vielmehr ein Glaubensbekenntnis bei vielen Menschen in dieser Kommune vor, das, wie sich später herausstellen sollte, eine unüberwindliche Grenze für mich war.

Nutzen, Struktur und Aufbau

Wenn Sie sich intensiv mit Kommunalem Nachhaltigkeitsmanagement auseinandersetzen, finden Sie schnell Möglichkeiten und Potenziale, wie Sie erfolgversprechende Projekte zur Kostenreduzierung, Regionalvermarktung, Stärkung der lokalen Wertschöpfung und zum angewandten Umweltschutz unter gezielter Bürgerbeteiligung initiieren können.

Sie kennen dann kommunikative Verfahren, Ihr Konzept überzeugend zu erläutern, sowie mit Einwänden aus der Kommunalverwaltung und der Bürgerschaft konstruktiv umzugehen.

Wie sollen Sie also vorgehen, um Strukturen aufzubauen, die Ihnen und Ihrer Kommune Nutzen bringen?

Zunächst einmal müssen Sie spezifisches Wissen aufbauen und sich mit Begriffen und Interpretationen zum Thema auseinandersetzen. Dieses Buch und andere Quellen, vor allem das Internet, helfen dabei, sich dieses Wissen und die Begrifflichkeiten zu erschließen. Um den oft so schwierigen Schritt von der Theorie in die Praxis zu meistern, finden Sie im Anhang 4 eine Liste zur Abarbeitung der Handlungsfelder beim Aufbau eines kommunalen Nachhaltigkeitsmanagements. Sie werden dort Handlungsfelder und Handlungsempfehlungen für die Ökonomische Säule finden, ebenso auch für die Soziale und die Ökologische Säule.

Sie können die Handlungsfelder kommunalen Nachhaltigkeitsmanagements im Anhang 4 wie eine Art Kochrezept verwenden. Nehmen Sie sich einige Minuten Zeit und lesen Sie sich das Rezept durch. Manche Rezepte müssen exakt nachgekocht werden, damit das Ergebnis schmeckt, bei manchen Rezepten sind dagegen Varianten nicht nur möglich, sondern zwingend nötig, weil nicht alle Zutaten des Originalrezepts vorhanden sind. So auch bei dem Rezept zum kommunalen Nachhaltigkeitsmanagement. Es kann und muss sogar in jedem Fall variiert werden, weil die spezifischen Umgebungskomponenten, sprich Zutaten, in jeder Kommune anders sind.

Nehmen Sie nun einen Stift zur Hand, am besten einen Farbmarker, und markieren Sie die Handlungsfelder und Maßnahmen auf einem Ausdruck des Anhang 4, die für Ihre Kommune vorstellbar sind. Seien Sie dabei großzügig und markieren Sie auch Dinge, die für Sie aus jetziger Sicht noch zweifelhaft sind. Achten Sie bei Ihrer Zutatenauswahl darauf, dass möglichst gleich viele Zutaten aus jeder der drei Säulen enthalten sind. Das ist sehr wichtig, denn nur wenn hier bei der Bestimmung der Handlungsfelder eine ausgewogene Wahl getroffen wird, ist die Ausgangsbasis für ein funktionierendes kommunales Nachhaltigkeitsmanagement geschaffen. Wenn Sie dagegen ein deutliches Übergewicht in einer der drei Säulen haben, dann ist das Gericht versalzen und wird weder Ihnen noch Ihren Mitstreitern schmecken.

Gut, Sie haben also eine ausgewogene Auswahl von Handlungsfeldern und Maßnahmen für Ihre Kommune

identifiziert. Nun gilt es, Ihr kommunales Nachhaltigkeitsmanagement zur planen und umzusetzen. Dieser Schritt
ist der schwierigste und erfordert gerade am Anfang ein
diszipliniertes Vorgehen. Nachfolgend habe ich mein
Rezept für die Implementierung eines kommunalen
Nachhaltigkeitsmanagements aufgeführt. Hier halte ich
es jedoch für zwingend, dass die Reihenfolge der Rezept-
schritte von Punkt (1) bis Punkt (5) strikt eingehalten
wird. Ansonsten ist der Braten versalzen, sprich, das
System funktioniert nicht.

**Planung und Umsetzung eines kommunalen Nach-
haltigkeitsmanagements**

(1) Kommunaler Nachhaltigkeits-Check (Handlungsfelder)
(2) Erstellung der Nachhaltigkeitsstrategie für die Kommune
(3) Ableitung von konkreten Zielen und Maßnahmen
(4) Bürgerbeteiligung/Bürgermodell schaffen
(5) Maßnahmenumsetzung (Projektmanagement)
(6) Erstellung eines jährlichen Nachhaltigkeitsberichts
(7) Regelmäßige Überprüfung und Nachjustierung von
Zielen und Maßnahmen
(8) Kommunikation zu allen Anspruchsgruppen

Die Punkte (6), (7) und (8) sind wiederkehrende
Maßnahmen, die auf der Aufgabenliste der verantwortlichen Nachhaltigkeitsmanager weit oben stehen müssen.
Auf jeden der einzelnen Punkte erschöpfend einzugehen,
ist im Rahmen dieses Buchs nicht möglich. Hier ver-
weise ich auf die zahlreiche und hilfreiche Literatur, denn
meine Absicht ist es ja, einen Leitfaden und eine sinnvolle
Struktur zum Aufbau von Nachhaltigkeitsmanagement-
Systemen zur Verfügung zu stellen. Dennoch möchte ich
zu den einzelnen Punkten einige Anmerkungen machen.
Der **Kommunale Nachhaltigkeits-Check** (Handlungsfelder) sollte folgende Themengruppen umfassen,

auch und gerade dann, wenn Zweifel aufkommen, ob diese Themen überhaupt auf kommunaler Ebene anwendbar sind. Glauben Sie mir, da ist zu jedem Thema in jeder Kommune etwas zu finden.

- Klimaschutz
- Erneuerbare Energien
- Flächeninanspruchnahme
- Artenvielfalt
- Bildung
- Mobilität
- Ernährung
- Zusammenarbeit mit Nachbarkommunen

Die **Erstellung der Nachhaltigkeitsstrategie** für die Kommune ist alternativlos für die Einrichtung eines erfolgreichen Nachhaltigkeitsmanagements. Wo will die Kommune in 5, 10, 20 Jahren stehen?

Beispiel: Meine Kommune soll bis zum Jahr 20xx den eigenen Energiebedarf für Strom, Wärme und Kälte aus eigenen, lokalen und Erneuerbaren Energiequellen decken, wobei die Produktion und Verteilung der Energie durch eine Bürgergesellschaft erfolgen soll und die Wertschöpfung damit in der Kommune verbleibt.

Eine Nachhaltigkeitsstrategie sollte aber keinesfalls einseitig auf das Energiethema ausgerichtet sein, sondern möglichst viele Schwerpunkte einer Nachhaltigen Entwicklung umfassen. Dazu gehören Themen wie umweltschonenden Mobilität, gesunde Ernährung und verbraucherfreundliche Regionalmodelle, Demographischer Wandel (Silver Generation), Lebenslanges Lernen, Nachhaltigkeit als Innovationsmotor, Förderung einer nachhaltigen Siedlungsentwicklung u. v. m.

Der **Ableitung von konkreten Zielen und Maßnahmen** kommt eine besondere Bedeutung zu. Wenn

Sie an dieser Stelle nicht wirklich konkrete Ziele setzen, deren Erreichung qualitativ und quantitativ erreichbar und messbar sind, dann ist das Scheitern Ihres Projektes vorprogrammiert.

Beispiel: Wir verringern die CO_2-Emission der Kommune bis zum Jahr 20xx um 30 %. Das bedeutet, dass wir bezogen auf unser Referenzjahr 20yy bis dahin 10.000 MWh Strom und 6000 MWh Wärme aus Erneuerbaren Energiequellen produzieren müssen. Dieses Ziel erreichen wir mit einem Energiequartier im Ortskern, das primär aus einem Biomassenheizwerk mit eigenem Blockheizkraftwerk (BHKW), einem Saisonal Wärmespeicher sowie aus Photovoltaikanlagen mit Stromspeicher auf den Dächern der umliegenden kommunalen Immobilen versorgt wird.

Eine **Bürgerbeteiligung**/ein **Bürgermodell** zu schaffen, ist gleichfalls alternativlos. Die positiven und auch die negativen Erfahrungen zahlreicher Kommunen zeigen, dass eine Bürgerbeteiligung einer der wichtigsten Schlüssel zum Erfolg darstellen. Dabei spielt es keine entscheidende Rolle, ob diese Bürgerbeteiligung dann über eine Bürger-Genossenschaft (siehe Kap. 7) oder über ein anderes Konstrukt realisiert wird, obwohl viel für die Bürger-Genossenschaft spricht. Entscheidend ist, dass eine große Beteiligung engagierter Bürgerinnen und Bürger ganz am Anfang erreicht werden kann. Hierzu ist der Einsatz angesehener Bürgerinnen und Bürger als Multiplikatoren und Werber unerlässlich.

Die **Maßnahmenumsetzung** (Projektmanagement) gehört paradoxerweise zum schwierigsten Teil. Viele Menschen neigen dazu, ein komplexes Projekt ewig zu diskutieren und sich dabei im Kreis zu drehen. Das Resultat ist dann oft ein umfangreiches, schön gestaltetes Konzept, auf Hochglanzpapier gedruckt, das dann in den unergründlichen Tiefen des Bürgermeisterschreibtisches verschwindet. Damit es nicht dazu kommt, ist nach meiner Erfahrung nur mit einem professionellen Projektmanagement zu verhindern.

Richtig aufgezogen gliedert das Projektmanagement das gesamte komplexe Projekt in überschaubare Teilprojekte. Für jedes dieser Teilprojekte werden klare Verantwortlichkeiten, Ziel- und Qualitätsvorgaben definiert und schriftlich festgehalten. Die Gesamtverantwortung trägt die Projektleitung, die auch die übergeordnete Projektsteuerung durchführt. Hilfreich dabei ist eine nicht zu tiefe, aber auch nicht zu oberflächliche Meilensteinplanung. Dafür muss auch nicht viel investiert werden, denn es gibt hierfür kostenlose Softwarelösungen wie beispielsweise das Programm OpenProject[9].

Die Erstellung eines **jährlichen Nachhaltigkeitsberichts** ist eine großartige Unterstützung für die Maßnahmenumsetzung und die Projektsteuerung. Der Bericht sollte sich möglichst an den sogenannten GRI Leitlinien[10] zur Nachhaltigkeitsberichterstattung der GRI (Global Reporting Initiative) orientieren. Im Anhang 5 finden Sie eine kleine Argumentationshilfe von mir, mit der Sie den Nutzen eines Nachhaltigkeitsberichts kommunizieren können.

Ein guter Nachhaltigkeitsbericht ist keine Kleinigkeit, die Sie in einigen Tagen erledigen können. Um als wirksames Kommunikations- und Steuerinstrument dienen zu können, wird er mehr oder weniger komplex und relativ umfangreich sein. Wenn ich meine eigenen diesbezüglichen Erfahrungswerte auf eine Kommune von beispielsweise 2000 bis 5000 Bürgerinnen und Bürger anwende, dann benötigen Sie für die erstmalige Erstellung eines Nachhaltigkeitsberichtes ungefähr zwei komplette Mitarbeiterkapazitäten (MAK) für ein Jahr. Diese MAKs können und sollten Sie natürlich auf ein komplettes Team umlegen, das die unterschiedlichen Teile des Berichts bearbeitet. Je nach Umfang kommen Sie eventuell um eine externe Unterstützung (Datenerhebung, Datenaufbereitung, redaktionelle Bearbeitung) nicht herum. Wie ein Nachhaltigkeitsbericht aufgebaut sein sollte und wie er erstellt wird, erfahren Sie im Kap. 9.

Die regelmäßige **Überprüfung und Nachjustierung von Zielen und Maßnahmen,** z. B. unter Zuhilfenahme des Nachhaltigkeitsberichts, ist das Element, das Ihr kommunales Nachhaltigkeitsmanagement am Laufen und am Leben hält. Halten Sie an Ihren ursprünglichen Zielen fest, solange dies möglich und sinnvoll ist. Wenn Sie aber im Lauf der Zeit merken, dass ein ursprüngliches Ziel nicht mehr zu erreichen oder nicht mehr sinnvoll ist, dann verschwenden Sie keine weiteren Ressourcen mehr dafür. Löschen Sie dieses Ziel, beenden Sie alle damit verbundenen Tätigkeiten und definieren Sie sofort ein neues, mindestens genauso anspruchsvolles Ziel wie das ursprüngliche. Lassen Sie Ihre Strategie und Ihre übergeordneten Ziele nicht aus den Augen und variieren Sie solange auf der Maßnahmenebene, bis Sie merken, dass Sie sich Ihrem Gesamtziel wieder nähern.

Die **Kommunikation zu den Anspruchsgruppen** (vor allem zur Bürgerschaft) erzeugt gleiche Kenntnis und damit wahrscheinlich auch ein gleiches Verständnis zu den Bedürfnissen, Strategien und Maßnahmen Ihrer Kommune. Verwenden Sie dazu Ihren Nachhaltigkeitsbericht, den Sie schriftlich und elektronisch möglichst breit unter Ihren Anspruchsgruppen streuen. Das bedeutet natürlich vor allem, dass Sie ihn Ihren Bürgerinnen und Bürger in geeigneter Form zugänglich machen (z. B. als PDF-Datei auf Ihrer Homepage zum Download oder auszugsweise Veröffentlichung im Amtsblatt der Kommune). Nutzen Sie eine der standardmäßigen Bürgerinformationsveranstaltungen, setzen sie das Nachhaltigkeitsmanagement der Kommune auf die Tagesordnung. Berichten Sie dabei über Fortschritte aber auch über Rückschläge. Verwenden Sie eine klare und deutliche Form der Kommunikation, insbesondere in Ihren Vorträgen (siehe auch Kap. 10).

Die strategischen Eckpunkte für eine nachhaltige Entwicklung in Kommunen aufgrund eigener Projekterfahrung habe ich im Anhang 6 zusammengefasst.

6.8 Nachhaltigkeitsmanagement in Unternehmen

Unternehmen auf den Weg einer nachhaltigen Entwicklung zu führen, ist so ziemlich das Schwierigste, was Ihnen auf dem Weg zur Nachhaltigkeit begegnen wird. Was soll das, sagen Sie, kann doch nicht stimmen. So viele Unternehmen haben sich zu einer nachhaltigen Entwicklung bekannt, geben jedes Jahr Nachhaltigkeitsberichte heraus, gewinnen Nachhaltigkeitspreise. Was soll also dieser Unsinn?

Es ist kein Unsinn. Zwischen den Verlautbarungen, Absichtserklärungen und Visionen vieler Unternehmen zum Thema Nachhaltigkeit und der Realität bzw. Umsetzung in die Praxis klafft ein riesiger Abstand, der am besten in Lichtjahren gemessen wird, damit die Stellen vor dem Komma nicht so groß werden.

Sie glauben mir nicht?

Ich kann es Ihnen nicht einmal verdenken. Wenn man die Hochglanzbroschüren, die Internetauftritte, die Pressemitteilungen und sonstige Verlautbarungen liest, dann muss man eigentlich zu der Meinung kommen, dass es bei den Unternehmen keinen Nachholbedarf in puncto Nachhaltigkeit gibt. Das sind jedoch oft genug nur Worte ohne Substanz. Damit meine ich jetzt aber nicht, dass dahinter bewusste Täuschung oder Zynismus der Vorstände steht. Nein, meiner Erfahrung nach glauben diese Vorstände

meistens das, was in den besagten Broschüren ihrer Presse-
abteilungen steht.

Es fehlt dort oft der Bezug zur Praxis und zu den
entsprechenden Größenordnungen. Ich habe einmal im Nachhaltigkeitsbericht einer großen deutschen
Bank gelesen, dass das Unternehmen stolz darauf ist,
im Berichtsjahr 500 t (!) CO_2 eingespart zu haben.
Umgerechnet auf den ausgewiesenen Gesamtenergieverbrauch entsprach das ungefähr 0,000001 % CO_2-Ein-
sparung. Also nichts! Den Vorständen und Autoren dieses
Berichts war die Relation ganz offensichtlich nicht klar.
Möglicherweise hat man sich auch um einige Zehner-
potenzen verrechnet und es nicht gemerkt, weil kein
Nachhaltigkeitsmanager die Zahlen kontrolliert hat.

Die allergrößte Problematik ist die oft fehlende Rückkopplung zwischen Vorstand, Top-Management und der
Arbeitsebene. Der Abstand dieser Ebenen lässt sich auch
nur in Lichtjahren messen.

Ich möchte Ihnen diese Diskrepanz etwas begreiflicher
machen, indem ich Ihnen einige Szenen beschreibe, die
sich so ähnlich tatsächlich abgespielt haben.

Stellen Sie sich folgende Situation vor:

Beispiel zur fehlenden Rückkopplung

Sie sind ein Berater, ein Nachhaltigkeitsmanager und
haben den Auftrag des Vorstandes eines mittelgroßen
Unternehmens, in dessen Betrieb Nachhaltigkeitskriterien und Nachhaltigkeitsmechanismen umfassend zu
etablieren und zu verankern. Im Vorgespräch hat Ihnen
die Geschäftsführung die Unternehmensziele erläutert,
in denen die Nachhaltigkeit eine zentrale Rolle spielt. Auf
Ihre Frage, wozu sie dann überhaupt noch gebraucht und
gerufen wurden, habe Sie die etwas schwammige Antwort
bekommen, dass der Vorstand die Wichtigkeit einer nachhaltigen Entwicklung erkannt und auch anspruchsvolle
Ziele in dieser Richtung vorgegeben hat, dass unverständ-
licherweise aber die Resultate den Zielvorgaben deut-

lich hinterherhinken. Sie sollen nun das Unternehmen in puncto Nachhaltigkeit auf Trab bringen, außerdem hat die Geschäftsführung Ihnen noch gesagt, dass sie alle Mitarbeiter in einem Rundschreiben dringlich aufgefordert hat, Sie nach besten Kräften zu unterstützen. Darüber hinaus hat sie Sie auch im Rahmen einer Betriebsversammlung vorgestellt, um ihrem Wunsch noch Nachdruck zu verleihen.

Auf jeden Fall ist Ihnen klar, dass der Vorstand Ihre Leistungen möchte und als Resultat einen Betrieb sehen will, der Nachhaltigkeit wirklich lebt. Dennoch haben Sie ein etwas ungutes Gefühl im Bauch und das völlig zu Recht.

Dies ist eine typische Ausgangssituation. Und nun begleiten wir unseren virtuellen Berater in die ersten Meetings mit den Führungskräften der mittleren Ebene. Wir beginnen mit den Einkäufern des Unternehmens, denn dort ist eine sehr wichtige Schaltstelle für oder gegen eine nachhaltige Entwicklung im Unternehmen.

Wir sind jetzt im Besprechungsraum der Einkaufsabteilung. Der Abteilungsleiter ist schon da, sitzt wahrscheinlich an einer sehr dominanten Position im Raum, seine Einkäufer sind um ihn verteilt. Die Blicke, die man Ihnen zuwirft, sind, freundlich ausgedrückt, abweisend. Sehen Sie genau hin. Bei manchen funkelt geradezu Wut in den Augen. Schauen Sie auf die Hände, die verraten oft noch mehr. Die meisten haben ihre Hände verschränkt. Richtig? Richtig. Absolute Abwehrhaltung.

(Übrigens, dieses Szenario wäre in anderen Abteilungen und Bereichen des Unternehmens aller Wahrscheinlichkeit nach das Gleiche. Sie können dieses Beispiel daher auf jeden beliebigen Bereich Ihrer Organisation übertragen.)

Nun gut, Sie sind ein erfahrener Manager und so leicht zu beeindrucken sind Sie auch nicht. Es gibt Methoden, diese Abwehrhaltung zu durchbrechen, und einige davon werden wir später noch besprechen. Genauso wie mit den Bedenkenträgern, die wir erstmals im kommunalen Bereich entdeckt haben, müssen wir auch dieses Problem lösen und die Visionen des Vorstands auf eine konfliktarme Art und Weise in der Praxis umsetzen.

Bei Unternehmen ist es hilfreich, die Innovationskraft der einzelnen Bereiche und Abteilungen anzusprechen. Damit lassen sich manchmal Menschen „umdrehen", die vorher noch völlig auf Abwehr gepolt waren. Wenn Sie dann an leicht verständlichen Beispielen klarmachen können, dass Nachhaltigkeit nicht bedeutet, teuer zu sein, dann können Sie anwesende Controller, Einkäufer und sonstige kaufmännisch geprägte Menschen mit ins Boot holen. Eine Gefahr besteht in diesem Fall darin, dass die Personen ihre Vorschläge scheinbar positiv aufnehmen und dann, wenn sie zurück in ihrem Büro sind, solange grübeln und rechnen, bis sie Ihnen „beweisen" können, dass sich Ihre Vorschläge einfach nicht rechnen. „Schade, das tut mir jetzt wirklich leid, aber Sie sehen ja selbst, es rechnet sich nicht". So, oder so ähnlich wird es bei Ihnen ankommen.

Mir ist es schon passiert, dass ein Controller alle Risiken und Unsicherheiten, die es bei jedem innovativen Projekt gibt, genommen, auf eine Seite gezogen und aufsummiert hat. Als Ergebnis kam dann heraus, dass die untersuchte Technologie um 50 % teurer war als die bisherige auf fossilem Treibstoff beruhende Technik. Stellen Sie sich daher darauf ein, dass man Sie mit solchen Worst-case-Szenarien fast schon reflexartig konfrontieren wird. Die beste Antwort darauf ist, dieses Worst-case-Szenario dankend anzunehmen und mit zwei weiteren Szenarien best-case und normal-case zu ergänzen.

Stellen Sie alle drei Szenarien gegenüber und Sie werden mit dieser Methode Erfolg haben, vorausgesetzt, Sie sind nicht in einer völlig beratungsresistenten Umgebung. Wenn Sie auch damit nicht vorankommen, müssen Sie etwas tun, das normalerweise ein Projektleiter nicht tun will und auch nur im Notfall tun sollte. Sie müssen zu Ihrem Auftraggeber, sprich Vorstand oder Geschäftsführung gehen und ihm oder ihr klarmachen, dass es nun

Zeit für ein Machtwort ist. Dies beseitigt zeitweise die Hindernisse, die Sie bisher aufgehalten haben.

Bedenken Sie jedoch auch die wahrscheinliche Reaktion der betroffenen Personen. Man wird nicht vergessen, was Sie da „angezettelt" haben, und bei passender Gelegenheit wird man sich daran erinnern. Unternehmen, insbesondere große Unternehmen ticken so, da führt kein Weg vorbei. Eine bessere Lösung, wie eine beratungsresistente Umgebung überwunden werden kann, besprechen wir später im Kapitel über den Nachhaltigkeitsmanager.

> **Tipp**
>
> Gerade bei größeren und großen Unternehmen stellen die einzelnen Abteilungen und Bereiche kleine ‚Königreiche' dar, die erbittert gegen alle Eindringlinge verteidigt werden. Machen Sie den Betroffenen klar, dass Sie kein Angreifer, sondern ein Freund und Unterstützer sind. Überzeugen Sie mit dem absolut wahren Argument, dass nach erfolgter Transformation zur Nachhaltigkeit die Abteilung und deren Prozesse noch erfolgreicher und stabiler sein werden als bisher.

Eine weitere Besonderheit im Nachhaltigkeitsmanagement sind Unternehmen in der (Luft-)verkehrsbranche, die unter einem besonderen Druck stehen.

6.9 Nachhaltigkeit in der (Luft-) Verkehrsbranche

Was die Klammer in der Kapitelüberschrift soll? Ich dachte zunächst daran, dieses Kapitel allgemein zu gestalten. Sehr viele Aspekte sind in der gesamten Verkehrsbranche gleich, egal ob wir nun den Individualverkehr im Pkw- oder

Lkw-Bereich betrachten, ob wir uns den Schienen- oder den Schiffsverkehr vornehmen oder uns mit dem Luftverkehr beschäftigen.

Die Diskussion über Emissionen von Luftschadstoffen, Treibhausgasen und über Lärmemissionen, die vom Luftverkehr direkt oder indirekt verursacht werden, wird sehr emotional und kontrovers geführt. Schlagwörter wie „Flugscham" machen die Runde und erschweren eine sachliche Auseinandersetzung enorm. Daher bietet sich diese Branche geradezu an, die Vorteile und den Nutzen eines Nachhaltigkeitsmanagements beispielhaft aufzuzeigen.

Dazu kommt, dass ich nun seit mehr 30 Jahren in der Luftverkehrsbranche tätig bin und mir daher alle spezifischen Aspekte in diesem Bereich bekannt sind. Ich werde also den Luftverkehr als Exempel im gesamten Verkehrsbereich beleuchten. Wenn ich nun auf Dinge wie Luft- und Gewässerverschmutzung, auf Lärmbelastung und Treibhausgasemissionen, auf Energie- und Treibstoffverbrauch im Luftverkehr eingehe, denken Sie sich einfach den Teil „Luft" weg und Sie können das Allermeiste auf den oder die Verkehrsträger übertragen, die Sie gerade im Sinn haben.

Die (Luft-)Verkehrsbranche befindet sich in einer Situation, die geradezu nach einem spezifischen Modell eines Nachhaltigkeitsmanagements schreit. Obwohl der Luftverkehr bei Weitem nicht der größte unter den CO_2-Emittenten ist, wird er dennoch als Klimakiller No. 1 dargestellt und von der Öffentlichkeit auch so wahrgenommen. Mit dem Luftverkehr hat man offensichtlich den idealen Schwarzen Peter gefunden und kann hervorragend von allen anderen Emittenten ablenken. Denn der Schuldige ist ja nun benannt! Hier hilft auch das reine Faktenwissen nicht weiter, sondern es braucht eine besondere Methodik, um bei steigenden Energie- und

Treibstoffpreisen, einer sehr negativen öffentlichen Wahrnehmung und bei immer kritischeren und aufmerksameren Kunden, d. h. den Passagieren, ein wirtschaftlich gesundes und erfolgreiches Unternehmen in dieser Branche zu führen.

Dazu kommen natürlich auch weitere Umweltbelastungen, die der (Luft-)Verkehr mit sich bringt. An erster Stelle natürlich die Lärmbelastung, die nicht nur extrem störend wahrgenommen wird, sondern die auch zu gesundheitlichen Schäden führen kann. Die Abgase belasten die Luft mit vielerlei Schadstoffen, wobei die Feinstäube und die Ultrafeinstäube ein besonderes Kapitel für sich darstellen, da es wohl als gesichert gelten kann, dass diese Stäube krebsauslösend wirken können. Die Enteisungsmittel, die im Winter zur Enteisung der Flugzeugtragflächen, der Rollwege, der Startbahnen, der Wege und Straßen im Flughafenbereich ausgebracht werden, finden früher oder später ganz oder teilweise den Weg in das Grundwasser. Die Abbauprodukte daraus sind teilweise hoch toxisch und karzinogen und irgendwann trinken wir womöglich so einen Cocktail.

Die (Luft-)Verkehrsbranche schreit also gerade danach, aus dem Blickwinkel der Nachhaltigkeit analysiert und optimiert zu werden. Nur eine gesamtheitliche Betrachtung führt zu einem stabilen ökonomischen Konzept im Luftverkehr, bei dem zudem der ökologische Aspekt eine strategische Wertigkeit hat. Den negativen Impact auf die Umwelt minimal zu gestalten ist fast schon eine Überlebensstrategie für den Luftverkehr. Die Passagiere werden in der Zukunft weit mehr als bereits jetzt ihre Entscheidung für oder gegen einen Verkehrsträger neben dem Preis und der Schnelligkeit auch von Nachhaltigkeitskriterien abhängig machen. Von diesen Kundenentscheidungen wiederum hängen allein in Deutschland fast 1.000.000[11] Arbeitsplätze ab. Und zwar

Arbeitsplätze für Ungelernte, Angelernte, Ausgebildete, Fachkräfte, Akademiker, für Jobs aller Art.

Ein gut durchdachtes Nachhaltigkeitsmanagement bietet also auch hier großartige Möglichkeiten der verträglichen Zukunftsgestaltung, egal ob wir jetzt von Flughäfen, Airlines, der Flugzeugindustrie und allen Zulieferern reden. Für alle am (Luft)Verkehr beteiligten Unternehmen gilt jedoch auch: Wer sich nicht ernsthaft und überzeugend dem Thema Nachhaltigkeit widmet, den wird es wahrscheinlich in einigen Jahren nicht mehr geben.

Das wichtigste Thema ist der Treibstoff. Meiner Einschätzung nach wird die Entwicklung und Produktion von alternativen und wirtschaftlich gleichwertigen Treibstoffen mit stark reduzierten Treibhausgasemissionen entscheidend für die weitere Entwicklung im Luftverkehr sein.

Analyse

Bevor wir jedoch einen Lösungsansatz besprechen können, müssen wir uns die Ausgangslage und die psychologische Komponente in der gesamten Diskussion pro/kontra (Luft-)Verkehr vor Augen führen.

Stellen wir uns die Situation als imaginäre Verhandlungssituation vor. Am Besprechungstisch sitzen auf der einen Tischseite die Politik, die Verbraucherverbände und Vertreter von Umwelt- und Klimaschutzverbänden, sowie ein Kommunal-Vertreter der benachbarten Gemeinde.

Auf der anderen Tischseite sitzt der Vertreter des Luftverkehrs und sieht nicht sehr glücklich aus. Der arme Kerl ist in einer permanenten Verteidigungssituation und wird von allen Seiten aufgefordert, sich zu erklären und zu rechtfertigen. Das Unangenehme an dieser Besprechung ist, dass egal, was der Luftverkehrsvertreter sagt und an Argumenten vorbringen wird, IMMER jemand am Tisch sitzt, der etwas einzuwenden hat.

Stellen wir uns zum Beispiel vor, der Vertreter des Luftverkehrs sagt, dass die CO_2-Emissionen der Flugzeuge, der Treibstoffverbrauch und die Lärmemissionen ständig abnehmen und bereits x Prozent niedriger sind als noch vor y Jahren. Sofort springen die Herren der Umweltverbände auf und schreien erregt „… jeder Mensch weiß doch, dass Flugzeuge der Klimakiller Nr. 1 sind …". Es hilft in dieser Situation dem Herrn vom Luftverkehr überhaupt nichts, dass a) die Aussage falsch ist und b) dass der Politiker am Tisch in diesem Punkt eigentlich auf seiner Seite und bereit ist, die Erfolge der Reduzierungsmaßnahmen anzuerkennen.

Es nützt nichts, weil die Stimmung sofort sehr emotional geworden ist und unser Politiker es sich mit den Umwelt- und Klimaschutzverbänden nicht verderben will (er will ja wiedergewählt werden). Wenn der Verkehrsvertreter nun ausführt, dass der Luftverkehr viele Arbeitsplätze schafft und erhält, was wiederum von dem Politiker unterstützt wird, sagt der Herr vom Umweltverband sofort, dass damit große Flächenversiegelungen einhergehen, und der Umlandvertreter ergänzt, dass die Wohnungskosten und Mietpreise gerade wegen der Ansiedlung von Luftverkehrsindustrie, Flughäfen und deren Zulieferern ständig steigen und ärmere Bevölkerungsschichten deshalb abwandern.

Ich könnte diese imaginäre Verhandlungssituation noch lange durchspielen und es würde nicht konstruktiver werden. Solange der Luftverkehrsvertreter verzweifelt versucht, mit reinem Faktenwissen zu überzeugen, wird er versagen, denn es gibt auch genügend Fakten, die gegen ihn und seine Branche verwendet werden können. Dieser Kampf ist so nicht zu gewinnen. Ähnlich wie es für Menschen eine gefühlte Kälte gibt, so gibt es auch das gefühlte Wissen, dass der (Luft-)Verkehr per se schädlich und gefährlich ist und man sich für jeden Flug, den man antritt, schämen sollte. Das müssen wir verstehen und akzeptieren, wenn wir eine erfolgreiche Strategie dagegen entwickeln wollen.

In vielen Diskussionen mit Umwelt- und Klima-schützern (ich zähle mich selbst zu dieser Gattung) habe ich gezielt und beständig gefragt, woran die Gegner des Luftverkehrs ihre Meinung und ihr Gefühl festmachen. Da kommt in erster Folge der Satz: „Das weiß doch jeder" und dagegen ist sehr schwer anzukämpfen. Als zweites kommt: „Ich brauche ja nur in den Himmel zu schauen, dann sehe ich schon den Dreck der Flugzeuge" (gemeint sind die Kondensstreifen, die sich hinter den Triebwerken bilden). Und als drittes kommt: „Hören Sie denn nicht, wie wahnsinnig laut das ist?". Die zahllosen Fahrzeuge, die täglich um uns herum Abgase in die Luft blasen und Lärm verursachen, werden nicht wahrgenommen, weil sie ein-fach zu viele sind und so selbstverständlich im Alltag sind wie unsere Handys. Verschmutzungen durch Kraftwerke und Industrieanlagen bekommen wir normalerweise über-haupt nicht mit, es sei denn, wir wohnen in deren Nähe.

Dazu kommt noch, dass es so bequem ist, den Luft-verkehr als Klimakiller Nr. 1 zu verdammen. Er ist so schön sichtbar und lenkt so wunderbar von allen anderen Emittenten ab. „Lasst uns den Luftverkehr stoppen und wir werden in einer glücklichen Welt leben" ist das Credo der meisten Gegner des Luftverkehrs, die aber dennoch zwei- bis dreimal im Jahr in Urlaub fliegen wollen. Sie schämen sich ein wenig und sühnen vielleicht für ihre Schuld, indem sie einen Ablass, sprich Kompensations-zertifikat kaufen. Es ist schizophren, dennoch müssen wir uns mit diesem sehr geschlossenen Block auseinandersetzen, wenn wir erfolgreiches Nachhaltigkeitsmanagement in der (Luft-)Verkehrsbranche durchführen wollen.

Strategischer Ansatz

Für ein erfolgreiches Nachhaltigkeitsmanagement im (Luft-)Verkehr müssen wir uns auch hier auf das grundsätzliche Prinzip der Nachhaltigkeit besinnen – auf die gleichwertige Berücksichtigung und den Einsatz der ökonomischen, der sozialen und der ökologischen Dimension.

Für den ökonomischen Ansatz haben wir sehr gute Argumente wie Wertschöpfung, Arbeitsplätze, Wachstum und vieles mehr. Auch im ökologischen Bereich können wir mit vielen positiven Ansätzen und Konzepten trumpfen. Die ständige Reduzierung von Treibstoffverbrauch und Emissionen sind eindrucksvolle Argumente, die sich nicht leugnen lassen. Damit können wir jedoch nicht überzeugen, wie wir ja bereits festgestellt haben.

Entscheidend ist die soziale Dimension der Nachhaltigkeit. Hier müssen wir verstärkt ansetzen und nachholen, was in der Vergangenheit zum Großteil versäumt wurde. Wir müssen die Menschen emotional überzeugen, mit dem Ziel, dass der Luftverkehr im Ganzen als gut wahrgenommen und gefühlt wird. Dazu muss ein möglichst umfassendes Kommunikationskonzept entwickelt und verbreitet werden.

Es geht hier nicht um Propaganda, wie es der eine oder die andere nun empfinden mag, sondern es geht darum, Faktenwissen so aufzubereiten und darzustellen, dass ein positiver Zugang möglich ist. Der Einsatz von transformatorischen Vokabular kann hier sehr hilfreich sein.

Nehmen wir als Beispiel die neue Triebwerksgeneration mit dem Getriebe im Triebwerk (Geared Turbofan – GTF). Wir brauchen da jetzt nicht in die Details einsteigen, die mit der Entkopplung von Fan und Niederdruckturbine verbunden sind. Für unser Beispiel reicht die Tatsache, dass ein GTF-Triebwerk wesentlich leiser ist (ca. um die Hälfte) und wesentlich weniger Treibstoff verbraucht (ca. 15 bis 20 %) als herkömmliche Triebwerke.

Jetzt sehen wir uns mal an, wie diese, ja man muss schon sagen, bahnbrechende Neuigkeit in einem Zeitungsartikel vor einiger Zeit dargestellt wurde. Lesen Sie sich das mal durch:

Ein sachliches Beispiel

Am Beispiel des Flughafens Muster-Airport bedeutet das, so erklärt Herr Mustermann, dass ein von Osten landendes Flugzeug seinen Lärmteppich nicht um die ganze Musterstadt herum ausbreitet. Erst kurz vor der Gemeinde Musterdorf werden 75 Dezibel (dB) erreicht. Mit den konventionellen Triebwerken sind es bisher schon 80 dB und mehr. Dass der neue Antrieb dabei gleichzeitig 15 bis 20 % weniger Treibstoff benötigt, findet Herr Mustermann „nicht verachtenswert".

Die technischen Angaben und die Ausbreitung des Lärmteppichs ist durchaus richtig dargestellt, aber werden Sie durch diesen Artikel begeistert? Ahnen Sie bereits, was dieses neue Triebwerk alles bringen wird, für Sie, für die Umwelt, für das Flughafenumland? Nein.

Wie wäre es denn mit so einer Version:

Ein begeisterndes Beispiel

Am Beispiel des Flughafens Muster-Airport bedeutet das, so erklärt Herr Mustermann, dass ein von Osten landendes Flugzeug in der Musterstadt quasi nicht mehr zu hören sein wird, da die neuen Triebwerke um die Hälfte leiser sind als konventionelle Triebwerke. Erst kurz vor der Gemeinde Musterdorf werden Sie den Flieger wieder bewusst hören. Dass der neue Antrieb dabei gleichzeitig 15 bis 20 % weniger Treibstoff benötigt, findet Herr Mustermann „fantastisch", denn dies bedeutet nicht nur weniger Kosten für die Airline, sondern vor allem weniger Luftschadstoffe und weniger Treibhausgas-Emissionen und das ist gut für die Umwelt!

Ich denke mal, dass Sie diese Version wesentlich stärker ansprechen wird. Noch einmal, es geht hier nicht um Propaganda. Wenn ich für eine menschliche und emotionale Kommunikation spreche, dann aus meiner eigenen Erfahrung heraus, wie wir Menschen angesprochen werden wollen, wenn wir eine Verhaltensänderung erreichen möchten. Und das ist doch bei diesem kleinen Beispiel der eigentliche Sinn und Witz an der Sache. Die Person, die das Interview für diesen Artikel gab, hatte ja wahrscheinlich nur die besten Absichten und wollte durch ihre Äußerungen dazu beitragen, dass diese neue Technologie verstärkt zum Einsatz kommt. Hat sie aber nicht! Ich habe damals das Erscheinen dieses Artikels verfolgt und die öffentliche Reaktion darauf. Reaktion gleich Null!

Und genau da müssen wir als Nachhaltigkeitsmanager ansetzen. Wenn wir eine positive Entwicklung und hilfreiche technische Neuerungen erkannt haben und diese umsetzen wollen, müssen wir die Menschen, die wir erreichen wollen, anschaulich und emotional ansprechen. Wäre dies, wie in meinem kleinen Beispiel dargestellt, so geschehen, dann wäre es damit vielleicht möglich gewesen, eine positive Erwartungshaltung in der Öffentlichkeit zu wecken und den nötigen Druck aufzubauen, dass der Flughafen Muster-Airport für Flugzeuge mit diesem „Flüstertriebwerk" reduzierte Start- und Landegebühren angeboten hätte. Dies wiederum hätte zu einem Verdrängungsprozess zugunsten der neuen, leiseren und emissionsärmeren Flugzeuge geführt.

In ähnlicher Weise ginge das natürlich auch bei allen anderen Verkehrsträgern. Es kommt entscheidend darauf an, dass wir Nachhaltigkeitsmanager uns mehr als „Verkäufer" guter Ideen und Technologien verstehen und entsprechend begeisternd kommunizieren.

Neben der richtigen Kommunikation geht es aber auch darum, die Prozesse im (Luft-)Verkehr zu optimieren und damit eine noch höhere Energie- und Treibstoffeffizienz zu erreichen. Zum Beispiel wäre die globale Einführung und Anwendung von A-CDM (Airport Collaborative Decision Making) ein wichtiger Schritt in diese Richtung. Bei A-CDM werden alle Prozesse eines Fluges in der Luft und am Boden analysiert und mit allen Beteiligten optimiert. Davon profitieren sowohl die Airlines mit geringerem Treibstoffverbrauch als auch die Airport-Betreiber durch eine effizientere und kostensparende Abfertigung durch Bodenverkehrs- und Terminaldienste, und auch der Passagier profitiert davon durch geringere Wartezeiten. Es würde zu weit führen, das A-CDM-System hier ausführlich zu erläutern. Wer sich intensiver damit beschäftigen will, dem empfehle ich die Seite http://www.euro-cdm.org/. In jedem Fall ein wahrlich nachhaltiger Prozess, der jedoch auch entsprechend kommuniziert werden muss.

Sehr oft sind die technischen und organisatorischen Probleme bei neuen Technologien und Prozessen schon gelöst und werden dennoch nicht flächig eingesetzt. Hier sind wir Nachhaltigkeitsmanager gefragt und wir müssen uns als „Umsetzungs-Projektleiter" verstehen, die diese positiven Dinge, Techniken, Innovationen in die gängige Praxis überführen. Damit schaffen wir nachhaltige Verbesserungen für Mensch und Umwelt und können diese positiven Entwicklungen ohne Bedenken auch positiv kommunizieren.

Ein weiterer sehr wichtiger Ansatz ist die Tatsache, dass der (Luft-)Verkehr sehr schnelle Verbindungen ermöglicht. Das hört sich zunächst sehr trivial an, aber denken Sie doch einige Minuten darüber nach. Wenn es den (Luft-) Verkehr nicht gäbe, wie lange bräuchten Sie dann, um an Ihr Urlaubsziel zu kommen, zu den Niederlassungen Ihres Unternehmens in der ganzen Welt, um an Meetings und Konferenzen teilnehmen zu können, die eine persönliche Präsenz erfordern? Tage und Wochen, statt Stunden! Diese, schon zur Selbstverständlichkeit gewordenen Tatsache muss herausgearbeitet und betont werden und dies in einer Art und Weise, die jedem Menschen sofort emotional anspricht.

Die besprochenen Besonderheiten beim Nachhaltigkeitsmanagement für Kommunen, Unternehmen und im (Luft-) Verkehr sind Branchen, an denen ich die Herausforderungen eines Nachhaltigkeitsmanagements veranschaulichen möchte. Ich habe sie wie gesagt deshalb genommen, weil ich sie zum einen kenne und zum anderen an Beispielen veranschaulichen wollte, dass wir neben allgemeingültigen Konzepten und Methoden auch immer auf die Besonderheiten und spezifischen Verhältnisse jeder Organisation und Branche eingehen müssen. Wenn wir uns später im Buch mit dem Schlüssel zum Erfolg beschäftigen, werden wir uns das Thema Besonderheiten von Organisationen noch einmal aus einem anderen Blickwinkel ansehen.

Ein sehr wichtiges Instrument, wie wir Nachhaltigkeitsmanager eine Organisation beliebiger Art und unabhängig von der Branche in Richtung Nachhaltigkeit führen können, ist die methodische Überprüfung dieser Organisation in Bezug auf die Einhaltung von Nachhaltigkeitskriterien.

6.10 Zertifizierung der Nachhaltigkeit von Organisationen

Die Idee, ein Zertifizierungssystem zum Nachweis der Nachhaltigkeit von Organisationen zu schaffen, kam mir nach vielen Überlegungen zur Frage, wie man eine zögerliche Unternehmensleitung am einfachsten von den vielen Vorteilen einer primär nachhaltigen und nicht nur klassisch betriebswirtschaftlich geführten Organisation begeistern kann. Das Ergebnis meiner Überlegungen war dann die Erkenntnis, dass dies gelingen kann, wenn Nachhaltigkeit messbar wird. Dazu werden Kennzahlen – auch KPI[1] genannt – verwendet. Idealerweise wird der so ermittelte Grad der Nachhaltigkeit von einer neutralen Organisation zertifiziert und das geprüfte Unternehmen erhält dann das entsprechende Gütesiegel.

Gütesiegel gibt es wie Sand am Meer und viele davon sind zumindest fragwürdig. Dennoch vertrauen die meisten Menschen eher einem Produkt mit einem Gütesiegel als einem ohne. Diesen Effekt sollte man berücksichtigen.

Dazu kommt auch, dass die Zeit einfach reif ist, den Schwenk von einem primär betriebswirtschaftlich geführten Unternehmen hin zu einem primär nachhaltig

---

[1] KPI: Key Performance Indicator, eine Kennzahl, anhand derer der Fortschritt oder der Erfüllungsgrad hinsichtlich wichtiger Zielsetzungen oder kritischer Erfolgsfaktoren innerhalb einer Organisation gemessen und/oder ermittelt werden kann (Quelle: Wikipedia).

geführten Unternehmen zu machen. Auch erkennen Organisationen und deren Anspruchsgruppen in zunehmenden Maß und weltweit die Notwendigkeit und die Vorteile gesellschaftlich verantwortlichen, nachhaltigen Handelns. Dies gilt insbesondere auch für energie-intensive und ressourcenverbrauchende Unternehmen, die zum einen den Wunsch von Milliarden Menschen nach Konsumgütern jeder Art erfüllen, zum anderen sich jedoch heftiger Kritik in der Öffentlichkeit gegenüber-sehen. Lärm, Luft- und Wasserverschmutzung, klima-schädigende Emissionen und Flächenversiegelung sind nur einige der zahlreichen Kritikfelder, mit denen sich jede Organisation auseinandersetzen muss, die Produkte herstellt oder Dienstleistungen anbietet.

Um die öffentliche Wahrnehmung im positiven Sinn verändern zu können, um diese Organisationen quasi mit der Umwelt und den Menschen versöhnen zu können, ist die Übernahme gesellschaftlicher Verantwortung durch nachhaltiges Handeln für die betroffenen Organisationen unerlässlich. Dies wird immer mehr Managern in der ganzen Welt zunehmend klar.

Ein Gütesiegel für Nachhaltigkeit bestätigt der zerti-fizierten Organisation, dass diese umfassende Nach-haltigkeitskriterien innerhalb der eigenen Organisation eingeführt hat und diese auch lebt. Die Prüfungsinhalte eines solchen Gütesiegels sollten sich an der DIN ISO 26000 „Leitfaden zur gesellschaftlichen Verantwortung" orientieren und daraus Empfehlungen übernehmen, die für das Gütesiegel und das Ziel einer nachhaltigen Organisation angepasst werden. Dann trägt dieses Güte-siegel dazu bei, dass zertifizierte Organisationen wesent-liche Verbesserungen in der ökonomischen, der sozialen und der ökologischen Dimension ihrer Tätigkeiten erzielen können. Dies sind vor allem:

- Erhöhung der Wettbewerbsfähigkeit
- Steigerung des Ansehens
- Steigerung der Fähigkeit, Personal oder Mitglieder zu gewinnen bzw. zu binden
- Steigerung der Fähigkeit, Kunden und Auftraggeber oder Nutzer zu gewinnen bzw. zu binden
- Die positive Einschätzung und Bewertung durch Investoren, Eigentümer, Stifter, Sponsoren und der Finanzwelt zu steigern
- Die Verbesserung ihrer Beziehung zu Unternehmen, Regierungen, den Medien, Lieferanten, Partnern, Kunden und zu der Gemeinschaft, in der sie tätig ist

Die zur Zertifizierung erforderlichen Inhalte sollten mittels einer Checkliste[13] erfasst und dabei jeweils geeignete Nachweise für die Erbringung der abgefragten Inhalte gefordert werden. Aus der ISO 26000 sollten dabei Kernthemen einbezogen werden, die ich für wesentlich für die Bewertung von Nachhaltigkeit in Organisationen halte:

- Umwelt
- Konsumentenanliegen

Gleichfalls einbezogen werden sollten auch die Verfahren:

- Anerkennung gesellschaftlicher Verantwortung
- Identifizierung und Einbindung der Anspruchsgruppen
- Kommunikation zur gesellschaftlichen Verantwortung
- Verbesserung der Glaubwürdigkeit im Kontext gesellschaftlicher Verantwortung

Darüber hinaus empfehle ich, Methoden und Verfahren einzubeziehen, die gerade im produzierenden Gewerbe und im Verkehrssektor die öffentliche Wahrnehmung positiv verändern können:

- CO_2-Footprint in den Systemgrenzen der IPCC[14] (Scope 1–3)
- CO_2-Reduzierungsmaßnahmen bei Energie- und Treibstoffverbrauch
- Nachhaltigkeitsberichterstattung, Nachhaltigkeitsstrategie und -management

Der Zertifizierungsablauf könnte dann folgendermaßen aussehen:

- Die Zertifizierung der Nachhaltigkeit eines Unternehmens oder Organisation erfolgt aufgrund einer zunächst vom Unternehmen ausgefüllten Checkliste und der Erbringung/Vorlage entsprechender Nachweise.
- Die ausgefüllte Checkliste wird dann vom jeweiligen Auditor auf Vollständigkeit und Plausibilität geprüft.
- Auf Grundlage der Angaben und Nachweise wählt der Auditor für die Beurteilung wichtige Inhalte aus, die dann in einem Vorort-Audit in Augenschein genommen werden. Dieses Vorort-Audit ist sehr wichtig, damit der Auditor eine genaue Vorstellung der zu prüfenden Organisation bekommt und den nächsten Schritt überzeugt angehen kann.
- Auf Grundlage eines allgemeingültigen Bewertungssystems und der eingereichten Unterlagen, sowie aufgrund der Erkenntnisse aus dem Vorort-Audit erfolgt dann die Zuerkennung des Gütesiegels bei Erreichung der Mindestqualifikation.
- Nach erfolgter Prüfung und Bewertung sollte ein Zertifizierungsbericht erstellt und der obersten Leitung des Unternehmens erläutert werden. Dabei kann die Zertifizierungsurkunde öffentlichkeitswirksam überreicht werden.

Ich habe in meinem System *Sustainability. Now.*[®] viel Wert darauf gelegt, dass die Kriterien, die zum Erhalt dieses Zertifikats führen, anspruchsvoll und dennoch erfüllbar sind. Ein Greenwashing wird sicher vermieden, wenn der Auditor sich strikt an das Bewertungssystem hält.

Wie gesagt, es geht hier nicht um Augenwischerei. Es geht vielmehr darum, die bereits erbrachten Leistungen einer Organisation im Bereich Nachhaltigkeit zu erfassen und zu kommunizieren. Das Motto ist dabei: Tue Gutes und rede darüber!

Ich habe schon oft erlebt, dass bereits in dieser Phase der Datenerfassung die Beteiligten ihren Betrieb aus einem völlig neuen Blickwinkel betrachten und dabei verblüffende Ideen und Ansätze finden, wie ihre Organisation optimiert werden kann. Dabei braucht der Auditor gar nicht viel tun. In dieser Phase ist es mehr eine Moderation als eine Beratung nach dem Motto: guide and influence.

Aufgrund der erfassten Daten und dem wichtigen Vor-ort-Audit können dann Aussagen über den Grad der Nachhaltigkeit in der Organisation gemacht werden. Daran schließen sich Empfehlungen und Hinweise an, wie sich die Organisation bis zur nächsten Überprüfung (Vorschlag: alle 3 Jahre) hinsichtlich Nachhaltigkeit entwickeln sollte. Es gibt einige Dinge, die ich für unentbehrlich halte und die jede Organisation schnell und ohne allzu großen Aufwand herstellen kann:

- Nachhaltigkeitsbericht (siehe Kap. 9)
- Nachhaltigkeitsstrategie über alle drei Dimensionen und inklusive Nachhaltigkeitsmanagement
- Nachhaltigkeitsbeauftragte(r), direkt an die Oberste Leitung berichtend
- Ziel- und Maßnahmenplanung zur Optimierung der Organisation in allen drei Dimensionen der Nachhaltigkeit

- Verankerung der Maßnahmen im Zielsystem der Führungskräfte (falls nicht vorhanden: Zielsystem einführen!)

Sie brauchen natürlich nicht ein eigenes Gütesiegel vergeben, um eine Organisation auf ihren Grad der Nachhaltigkeit zu untersuchen und zu optimieren. Eine Checkliste, die alle drei Dimensionen der Nachhaltigkeit umfasst, brauchen Sie jedoch in jedem Fall. Ich denke, nach der Lektüre dieses Buchs und insbesondere mit den Tools und Werkzeugen in Ihrem Rucksack sind Sie gerüstet, sich eine solche Checkliste zu erstellen. Als Muster kann Ihnen dabei die Checkliste „Abschwächung des Klimawandels" in Anhang 8 dienen.

Fazit: Die Zertifizierung von gelebter Nachhaltigkeit in Organisationen ist eine sehr gute Methode, Nachhaltigkeit zu verankern. Dazu muss der Grad der Nachhaltigkeit jedoch messbar gemacht werden. Dies gelingt mit geeigneten Kennzahlen.

Quellenverweis und Anmerkungen

1. Energie kann weder erzeugt noch verbraucht, sondern nur umgewandelt werden (2. Hauptsatz der Thermodynamik). Umgangssprachlich verwende ich das Wort Energieverbrauch, weil die umgewandelte Energie (meist Wärme) für uns nicht mehr nutzbar, sprich „verbraucht" ist.
2. Siehe http://wirtschaftslexikon.gabler.de/Archiv/21339690/oekologische-nachhaltigkeit-v2.html.
3. ft., englisches Längenmaß, 1 ft. (feet) = 30,48 cm.
4. siehe World Resource Institute, Greenhouse Gas Protocol (GHG).

5. Leitfaden zur gesellschaftlichen Verantwortung (https://www.din.de/de/mitwirken/normenausschuesse/naorg/veroeffentlichungen/wdc-beuth:din21:330481644).

6. Siehe https://www.globalcompact.de/wAssets/docs/Weitere-Themen/hintergrundpapier_innovation_und_nachhaltigkeit.pdf.

7. Siehe auch ISO 26000, http://www.iso.org/iso/home/standards/iso26000.htm.

8. siehe auch ISO 14001, www.iso.org und EMAS, www.emas.de.

9. https://www.openproject.org.

10. https://www.globalreporting.org.

11. Quelle Bundesverband der Deutschen Luftverkehrswirtschaft (BDL, www.bdl.aero).

12. Mehr Informationen dazu unter: https://www.nachhaltigkeit-management.de/.

13. siehe Anhang 8, Beispiel einer Checkliste zur Feststellung der Nachhaltigkeit.

14. IPCC steht für: Intergovernmental Panel on Climate Change.

7

Nachhaltigkeit messbar machen

Ein funktionierendes Nachhaltigkeits-Management basiert auf belastbaren Daten aus allen drei Dimensionen der Nachhaltigkeit und deren Bezug zu wichtigen Messgrößen für Nachhaltigkeit in Form von Kennzahlen und Kriterien.

Zur Feststellung des Fortschritts oder des Erfüllungsgrads bei der Implementierung von Nachhaltigkeitskriterien sollte daher immer ein Kennzahlen-System für die Organisation aufgebaut werden. Für Unternehmen werden KPIs definiert, die entweder branchentypisch oder spezifisch für das Unternehmen oder die Organisation sind. Doch welchen KPIs sind relevant? Diese Frage kann nicht pauschal beantwortet werden. Für jedes Unternehmen und jede Organisation muss hierzu eine eigene Auswahl erfolgen. Dabei können die Definitionen der

© Springer-Verlag GmbH Deutschland, ein Teil von Springer Nature 2022
M. Wühle, *Nachhaltigkeit messbar machen*, https://doi.org/10.1007/978-3-662-66047-8_7

GRI-Standards[1] helfen. Wenngleich diese für die Nachhaltigkeitsberichterstattung entwickelt wurden, können Teile des Systems zur Entwicklung **wesentlicher Nachhaltigkeits-Kennzahlen** im Unternehmen verwendet werden.

Die Wesentlichkeit definiert sich dabei durch Themen – den Material Topics – sowie durch die Auswirkungen – den Impacts – und wie das Unternehmen mit diesen Auswirkungen umgeht. Die Material Topics liefern dabei ein ausgewogenes Bild von den wesentlichen Themen des Unternehmens. Die Impacts beschreiben die Auswirkungen des Unternehmens auf Wirtschaft, Umwelt und die Gesellschaft.

Meine Empfehlung an dieser Stelle lautet: Führen Sie eine Wesentlichkeitsanalyse gemäß den GRI-Standards durch. Die für Sie, Ihr Unternehmen, Ihre Organisation relevanten Wesentlichkeiten und die damit verbundenen KPIs sind Ihnen danach klar. Für ein produzierenden Unternehmen zum Beispiel könnten dabei folgende Wesentlichkeiten herauskommen:

- Produktsicherheit
- Beschaffung und Lieferantenmanagement
- Nachhaltige Produktentwicklung
- Effiziente Nutzung natürlicher Ressourcen
- Klimaschutz
- Kreislaufwirtschaft

Daraus lassen sich die wesentlichen KPIs für Ihr Unternehmen oder Organisation entwickeln. Es gibt viele

---

[1] GRI = Global Reporting Initiative, definiert Richtlinien für die Erstellung von Nachhaltigkeitsberichten, die GRI Standards

Quellen und Zugangswege zur Bestimmung der wesentlichen KPIs und es spricht prinzipiell auch nichts dagegen, diese für das Unternehmen selbst neu zu entwickeln. Jedoch muss auch hier das Rad nicht neu erfunden werden. Die Deutsche Vereinigung für Finanzanalyse und Asset Management (DVFA) hat unter der Bezeichnung *KPIs for ESG*[2] Schlüsselkriterien für die wichtigsten Branchen (Sektoren) entwickelt. Eine Auswahl davon kann im ersten Schritt für Ihr Kennzahlen-System erfahrungsgemäß gut verwendet werden.

Ein Auszug aus dem Sektor 2757 – Industrial Machinery als Beispiel zeigt die grundsätzliche Systematik des DVFA-Systems für KPIs:

- *Energy Efficiency:* Energy consumption total
- *GHG Emissions:* GHG Emissions total
- *Innovation:* Total R&D expenses
- *Emissions to Air:* Total CO_2, NOx, SOx, VOC emissions
- *Eco-Design:* Improvement rate of product energy efficiency compared to previous year/product
- *Supply Chain:* Total number of suppliers
- …

Die Wesentlichkeitsanalyse ist grundsätzlich ein lernender Prozess, der einem geregelten Anpassungsmechanismus unterliegt. Dabei werden ununterbrochen Daten gesammelt, aus denen die relevanten KPIs (Kennzahlen) gebildet werden (Siehe Abb. 7.1). Diese KPIs können

---

[2] KPIs for ESG 3.0 (Key Performance Indicators for Environmental Social & Governance Issues) definieren Kriterien mit jeweils ein bis zwei Leistungsindikatoren für 114 Subsektoren gemäß Stoxx Industry Classification Benchmarks. Dieser Reportingstandard findet seit seinem Erscheinen große Resonanz, und gilt, obwohl schon 2008 veröffentlicht, nach wie vor als das Standardwerk.

Abb. 7.1 Kennzahlen um Nachhaltigkeit messbar zu machen

natürlich auch für den Nachhaltigkeitsbericht der Organisation verwendet werden, da mit ihrer Hilfe und Interpretation der Grad der Nachhaltigkeit des Produkts bzw. der Organisation messbar wird. **Das primäre Ziel ist jedoch immer, den Transformationssprozess zur Nachhaltigkeit besser steuern zu können.**

Im gesamten Prozess der Implementierung von Nachhaltigkeitskriterien und Nachhaltigkeitszielen in eine Organisation oder ein Unternehmen stehen immer zwei Fragen im Raum:

- Welche Veränderung/Verbesserung soll bewirkt werden?
- Wie kann dies messbar gemacht werden?

Zu Beginn müssen Nachhaltigkeits-Ziele definiert werden, die anspruchsvoll sind aber auch machbar. Die Auswahl der KPIs, die diesen Zielen entsprechen, werden dabei jedes Mal neu zusammengestellt.

Damit wird der Nachhaltigkeitsprozess zu einem kontinuierlichen Verbesserungsprozess, der in allen drei Dimensionen zu schnell sichtbaren Erfolgen führt:

- *Ökonomische Dimension:* Reduzierung von Kosten (Energie, Rohstoffe, Zeit), krisensichere Lieferkette
- *Ökologischen Dimension:* Weniger Schadstoffe, Reduzierung des Ressourcenverbrauchs und Verringerung von CO_{2eq}-Emissionen
- *Soziale Dimension:* Erhöhung der Kundenzufriedenheit, Verringerung der Mitarbeiterfluktuation

Hilfreich bei der Definition der KPIs ist das System der ‚Scopes' aus dem Greenhouse-Gas-Protocol. In diesem System dienen die Scopes der Zuordnung der Verantwortung von CO_{2eq}-Emissionen. Von der zugrunde liegenden Logik können die damit verbundenen Systemgrenzen jedoch sehr gut für alle KPIs verwendet werden.

- *Scope 1: KPIs, die direkt und unmittelbar im eigenen Verantwortungsbereich liegen* z. B. Energieverbrauch und Ressourcenverbrauch in Entwicklung und Produktion, zum Teil auch des späteren Produkts
- *Scope 2: Energiebezogene KPIs im indirekten Verantwortungsbereich* z. B. bezogene elektrische Energie, Dampf, Wärme und Kälte
- *Scope 3: KPIs, die primär im Verantwortungsbereich der Zulieferer liegen, aber indirekt gesteuert werden können* (sustainable supply chain) z. B. Energie- und Ressoucenverbrauch bei der Herstellung der Vorprodukte und bezogenen Materialien, Transport, Abfall
- *Scope 4: KPIs der Lieferanten im indirekten Verantwortungsbereich* z. B. Energie- und Ressourcenverbrauch, Abfall- und Recycling-Quote in der gesamten Lieferkette

Die damit erzielbare schärfere Abgrenzung bezüglich direkter und indirekter Verantwortlichkeit für den aktuellen Wert des entsprechenden KPIs zeigt auf, an wen sich gewendet werden muss, um einen jeweils gewünschten Zielwert erreichen zu können.

Ein Vorteil dieses Systems ist auch, dass für einen Nachhaltigkeitsbericht damit bereits eine Schnittstelle vorhanden ist, die bei der Erstellung des CO_2-Footprints ohne weitere Anpassungen genutzt werden kann.

KPI-Kategorien

Bevor wir nun die KPIs für unser Unternehmen zusammenstellen und definieren können, sind zunächst noch einige grundlegende Überlegungen zu KPIs im Allgemeinen anzustellen.

Die Auswahl der KPIs sollte nicht nach allgemeiner Beliebtheit erfolgen, sondern aus der Nachhaltigkeitsstrategie und den spezifischen Besonderheiten des Projekts abgeleitet werden. Dabei sollten aus allen Dimensionen der Nachhaltigkeit möglichst gleich viele KPIs ausgewählt werden, damit ein ausgewogenes Bild des Unternehmens zum Grad der Nachhaltigkeit entsteht.

Definition der Ziele und Bestimmung der KPIs:

- Sind die vorgegebenen/definierten Ziele in Punkto Nachhaltigkeit für unsere Organisation anspruchsvoll und machbar?
- Wenn nein, was muss passieren, damit sie anspruchsvoll und machbar werden (z. B. Durchführung einer Machbarkeitsstudie)?
- Welche Kennzahlen sind erforderlich, um dann die Zielerreichung messbar zu machen?
- Sind die gewählten KPIs ausgewogen über alle Dimensionen (Ökonomie, Ökologie, Soziales) verteilt?

- Sind sowohl quantitative Indikatoren (z. B. Einsparung von CO_{2eq}-Emissionen pro Jahr) als auch qualitative Indikatoren (z. B. Kundenzufriedenheit) vorhanden?
- Welche KPIs sind für das Projekt, für die Organisation wesentlich?

Sind diese Fragen beantwortet, die Kennzahlen ausgewählt und Zielwerte für jede Kennzahl definiert, erfolgt der letzte Schritt. Die KPIs werden bestimmten Kategorien zugeordnet, die eine möglichst präzise Auswertung der unterschiedlichen Einflussfaktoren ermöglicht. Neben dem Fokusbereich, also der primären Zuordnung eines KPI zu einer der Dimensionen der Nachhaltigkeit, gibt es vier Kategorien, denen wir unsere erarbeiteten Kennzahlen zuordnen.

Da gibt es zunächst **Input-KPI**, dessen Wert von uns selbst nicht verbessert oder optimiert werden kann, sondern die nur durch entsprechende Verhandlungen und Vereinbarungen mit dem Lieferanten verändert werden können. Dies wäre beispielsweise die CO_{2e}-Emission des Vorprodukts oder Ware die wir beziehen.

Im Prozess selbst können die **Steuerungs-KPI** (z. B. Abfall oder Gefahrstoffe) und die **Störungs-KPI** (z. B. Mitarbeiterfluktuation) direkt gesteuert, oder deren Einfluss auf den Prozess oder das Unternehmen durch Maßnahmen zumindest verringert werden.

Die **Output-KPI** geben Auskunft über die Qualität und die Wirtschaftlichkeit der Produkte oder Dienstleistungen. Beim Output wird unterschieden zwischen Effizienz- und Effektivitäts-KPI. So sind die Herstellung- und Materialkosten typische **Effizienz-KPI** und die Reklamationsquote ein Beispiel für ein **Effektivitäts-KPI**.

Nun haben wir alle relevanten und wesentlichen Kennzahlen für unser Unternehmen erarbeitet. Die Zuordnung zu verschiedenen Systemgrenzen (Scopes) und Kategorien ergeben ein KPI-Katalog für unser Unternehmen, mit dem wir den Grad an Nachhaltigkeit bestimmen und den Nachhaltigkeitsprozess optimal steuern können. Die KPIs benötigen wir an vielen Stellen. Bei der Erstellung einer Ökobilanz, oder eines CO_2-Fußabdrucks und als Datenmaterial für den Nachhaltigkeitsbericht. Der Nachhaltigkeitsmanager bekommt damit ein Instrument an die Hand, das zu Steuerung des Nachhaltigkeits-Managements unverzichtbar ist. Mit diesen Themen beschäftigen wir uns nun in den nächsten Kapiteln.

8

Ökobilanz und CO_2-Fußabdruck – zwei Seiten einer Medaille?

Mit einer Ökobilanz (Life Cycle Assessment) werden sämtliche Umweltwirkungen betrachtet, die ein Unternehmen, eine Kommune, eine Organisation jeglicher Art verursacht. Der CO_2-Fußabdruck (Carbon Footprint) betrachtet davon eine Teilmenge, die CO_2-Emissionen (bzw. CO_2-Äquivalente, CO_{2eq}), die von einer Organisation direkt oder indirekt verursacht werden. Sowohl Ökobilanz als auch CO_2-Fußabdruck können nicht nur auf Unternehmen oder Organisationen angewendet werden, sondern auch für Produkte und Dienstleistungen.

8.1 Ökobilanz

Die Ökobilanz ist ein Verfahren, um umweltrelevante Vorgänge zu erfassen und zu bewerten. Ursprünglich vor allem zur Bewertung von Produkten entwickeln, wird

© Springer-Verlag GmbH Deutschland, ein Teil von Springer Nature 2022
M. Wühle, *Nachhaltigkeit messbar machen*,
https://doi.org/10.1007/978-3-662-66047-8_8

sie heute auch bei Verfahren, Dienstleistungen und Verhaltensweisen angewendet. Unter dem Aspekt der Nachhaltigkeit betrachtet ist eine Ökobilanz dann ideal, wenn ein geschlossener Kreislauf erreicht wird. Dieser Kreislauf spiegelt die höchstmöglich erreichbare Ressourceneffizienz wider.

Für die Erstellung von Ökobilanzen ist die Befolgung von zwei Grundsätzen wichtig. Zum einen die medienübergreifende Betrachtung. Sie umfasst alle relevanten, potenziell schädlichen Wirkungen auf die Umweltmedien Boden, Luft und Wasser durch das betrachtete Unternehmen. Zum anderen haben wir die sogenannte stoffstromintegrierte Betrachtung. Damit sind alle Stoffströme gemeint, die mit dem betrachteten System verbunden sind (z. B. Rohstoffeinsätze und Emissionen aus Vor- und Entsorgungsprozessen, aus der Energieerzeugung, aus Transporten und anderen Prozessen).

Definition

Gemäß den Regeln der Norm DIN EN 14040 umfasst eine Ökobilanz die Definition von Ziel und Untersuchungsrahmen, eine Sachbilanz, die Wirkungsabschätzung und eine Auswertung der erfassten Daten. Nach der Festlegung der Ziele und des Umfangs der Ökobilanz sind anschließend die wesentlichen Elemente zu erfassen und zu beschreiben.

Es beginnt mit der sogenannten Sachbilanz der Stoff- und Energieströme über den gewählten Lebensweg. Innerhalb der unternehmensspezifischen Systemgrenzen erfasst und bilanziert sie die Input- und Output-Größen.

Als nächstes ist optional die Errichtungsphase zu beschreiben. Welche umweltrelevanten Vorgänge gibt es beim Transport zur Baustelle und beim Einbau von Systemen und Anlagen in das Gebäude? Danach folgt die ebenfalls optionale Nutzungsphase. Wie verläuft Nutzung, Anwendung, Instandhaltung, Ersatz und Erneuerung des Produkts/System/Anlage, sowie der Energieeinsatz und der Wasserverbrauch?

Optional erfolgt nun die Erfassung der Entsorgungsphase. Welche umweltrelevanten Dinge passieren bei Rückbau oder Abriss und beim Transport zur Abfallbehandlung? Wie erfolgt die Wiederverwendung, Rückgewinnung bzw. Recycling oder die Beseitigung des Produkts, des Systems, der Anlage? (Abb. 8.1)

Dann wird beschrieben und erfasst, was in das Produkt, das System, die Anlage hinein und hinaus geht. Der

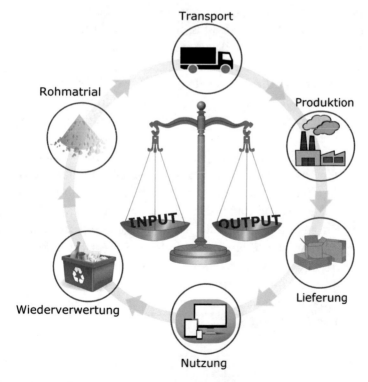

Abb. 8.1 Ökobilanz und Kreislaufwirtschaft

Input in Form von Energie, Wasser, Rohmaterial, Vorprodukte, Flächennutzung, sowie weitere Angaben wie beispielsweise Druckluft, Kraftstoffe oder Hilfsstoffe. Der Output in Form von Abwärme, Emissionen in Luft, Wasser und Boden, Abfälle und erzeugte Produkte sowie Nebenprodukte wird erfasst. Abfälle müssen in gefährliche Abfälle zur Entsorgung, ungefährliche Abfälle zur Deponierung und radioaktive Abfälle untergliedert werden.

Wirkungsabschätzung

Ist die Bilanzierung abgeschlossen, folgt die Wirkungsabschätzung. Dabei wird Größe und Bedeutung von potenziellen Umweltwirkungen eines Produktsystems über den Verlauf der Lebenszyklusphasen erkannt und beurteilt. Dies geschieht durch Bezug auf die Inputs und Outputs der Sachbilanz.

Nun erfolgt die Auswertung. Dabei werden signifikante Parameter der Ökobilanz beschrieben und beurteilt, Schlussfolgerung gezogen und Empfehlungen ausgesprochen.

Alle Punkte der Ökobilanz werden in einem Bericht zusammengefasst. Er beschreibt detailliert und möglichst verständlich die Ziele, den Umfang der Untersuchung, die Sachbilanz, sowie die Wirkungsabschätzung. Der Bericht enthält auch die notwendigen Schlussfolgerungen aus den Ergebnissen der Bilanz. Mit Hilfe des Berichts erkennt die betroffenen Organisation vorhandene und zukünftige Umweltwirkungen durch ihre Geschäftstätigkeit. Sie kann dann geeignete Maßnahmen zur Vermeidung oder Kompensation ergreifen.

Die Ökobilanz ist Voraussetzung für eine Kreislaufwirtschaft

Welche Empfehlungen und Maßnahmen leiten sich aus einer Ökobilanz ab? Es sollte in jedem Fall ein möglichst konkret Maßnahmenkatalog zur Verbesserung der Ökobilanz erstellt werden, zusammen mit einem entsprechenden Kommunikationskonzept an alle Anspruchsgruppen des Unternehmens (Stakeholder).

Die Ökobilanz ist Basis zur Beurteilung der Ökoeffizienz der betroffenen Organisation und ihrer Produkte. Auch wenn viele Geschäftsführer und Vorstände dem Thema immer noch skeptisch gegenüberstehen, sind zweifellos viele Vorteile vorhanden, die durch Ökoeffizienz-Projekte für ein Unternehmen entstehen können. Eine größere Ökoeffizienz führt in der Regel auch zu einer Effizienzsteigerung der Produktion. Die Verringerung des Rohstoff- und Energie-Einsatzes senkt wiederum die Produktionskosten. Die Erstellung einer Ökobilanz ist der ideale Anlass zur Aus- und Weiterbildung von Mitarbeitern in den Bereichen Umwelt, Produktion und Kosten. Außerdem entstehen oftmals Synergieeffekte durch Kooperationen mit anderen Unternehmen und Organisationen, die den gleichen Weg gehen. Die Einführung einer funktionierenden Kreislaufwirtschaft im Unternehmen ist damit relativ einfach möglich.

8.2 CO$_2$-Fußabdruck

Generell wird hier unterschieden zwischen dem CO$_2$-Fußabdruck für Produkte (PCF: Product Carbon Footprint) und dem für Unternehmen (CCF: Corporate Carbon Footprint).

Der CO$_2$-Fußabdruck oder die CO$_2$-Bilanz ist das Gesamtmaß von CO$_2$-Emissionen und/oder Treibhausgasemissionen (THG) in CO$_2$-Äquivalenten (CO$_2$eq).

Der CO_2-Fußabdruck ist ein hilfreiches Mittel, um die Klimaauswirkungen von Produkten, Dienstleistungen und Organisationen zu ermitteln.

Der CO_2-Fußabdruck eines Produktes bezeichnet die Bilanz der THG-Emissionen entlang des gesamten Lebenszyklus eines Produkts (cradle-to-cradle). Der Produktzyklus umfasst dabei die gesamte Wertschöpfungskette. Von der Herstellung, Gewinnung und Transport der Rohstoffe und Vorprodukte über die Produktion und Distribution zur Nutzung und ggf. Nachnutzung. Abschluss des Produktzyklus ist die Entsorgung bzw. Recycling des Produkts.

Der CO_2-Fußabdruck einer Organisation wird oft erstmals für den Nachhaltigkeitsbericht erstellt. Der Corporate-Carbon-Footprint erfasst dabei den gesamten CO_{2-eq}-Ausstoß in den spezifischen Systemgrenzen des Unternehmens, den IPCC-Systemgrenzen aus dem „Greenhouse Gas Protocol" (http://www.ghgprotocol.org/).

Unternehmen, die sich auf den Weg in Richtung Nachhaltigkeit aufgemacht haben, erkennen sehr schnell, dass die Ermittlung des eigenen CO_2-Fußabdrucks eine wichtige und unerlässliche Ausgangsbasis für alle weiteren Schritte des Nachhaltigkeitsmanagements ist. Für die Erstellung einer Ökobilanz ist er einer der wichtigsten Indikatoren (Abb. 8.2).

Scopes – Systemgrenzen des Unternehmens

Den Systemgrenzen kommt dabei eine besondere Bedeutung vor. Wir sind ihnen bereits im vorherigen Kapitel bei den Kennzahlen begegnet. Wo beginnt und wo endet die Verantwortung der jeweiligen Organisation bezüglich Treibhausgasemissionen? Das Greenhouse-Gas-Protocol bietet hier eine Definition, die es relativ einfach macht, die Verantwortlichkeiten zu erkennen. Mit den

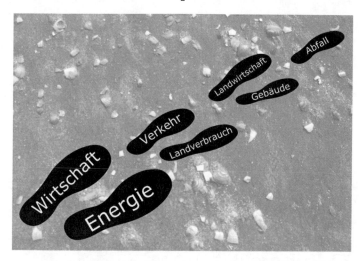

Abb. 8.2 Der CO2-Fußabdruck eines Unternehmens

sogenannten „Scopes" erfolgt eine Einteilung in direkt zu verantwortenden Treibhausgasemissionen und in indirekt zu verantwortenden Emissionen.

Bei der Erstellung des CO$_2$-Fußabdrucks empfiehlt es sich, die Emissionen im Verantwortungsbereich des Unternehmens anhand der Scopes zu gliedern. Dabei umfasst Scope 1 alle direkt durch die Organisation verursachten Treibhausgasemissionen und Scope 2 alle indirekten THG-Emissionen. Danach kann optional noch der Scope 3 erfasst werden, alle indirekten THG, die nicht direkt verantwortet werden, jedoch indirekt durch die Organisation verursacht werden.

Direkte oder indirekte Verantwortung?
Das liest sich ein wenig theoretisch, nicht wahr? Daher soll das nachstehende Beispiel für ein übliches mittelständisches Unternehmen in Deutschland die Scopes veranschaulichen:

- das eigene Blockheizkraftwerk (BHKW) und Fuhrpark des Unternehmens: *Scope 1*
- der bezogener Strom, die bezogene Wärme durch ein Energieversorgungsunternehmen: *Scope 2*
- die notwendige Infrastruktur, z. B. Autobahnzubringer der für die Organisation gebaut wurde, Emissionen der Dienstleister, Abfallentsorgung, Produktnutzung, ausgelagerte Aktivitäten: *Scope 3*

Zur Erstellung des CO_2-Fußabdrucks ist also zuerst die Gliederung in Scopes empfehlenswert. Anschließend erfolgt die Erstellung der entsprechenden THG-Bilanz, also die Berechnung der entsprechenden Emissionen in CO_2-Äquivalenten (CO_{2eq}).

Die notwendigen Energiewerte und Treibstoffwerte müssen zunächst für das betroffene Unternehmen ermittelt werden, was beim ersten Mal mehr oder weniger aufwendig sein kann. Die Emissionsfaktoren können dagegen leicht aus den Jahresrechnungen der Energieversorger entnommen werden, die in Deutschland dort ausgewiesen werden müssen. Es finden sich aber auch weitere Aufstellungen nationaler und internationaler Emissionsfaktoren im Internet, u. a. auch auf der Seite des Umweltbundesamtes. Die Emissionsfaktoren ändern sich jährlich und spiegeln die Erfolge und Misserfolge auf dem Weg der Energiewende wider.

Der Aufwand zur Erstellung des CO_2-Fußabdrucks sollte jedoch nicht entmutigen. Zusammen mit der Ökobilanz ermöglicht der CO_2-Fußabdruck den Aufbau eines effizienten Nachhaltigkeitsmanagements und einer Kreislaufwirtschaft im Unternehmen und ist unverzichtbare Grundlage jedes Nachhaltigkeitsberichts.

Ökobilanz und CO$_2$-Fußabdruck – zwei Seiten einer Medaille

Sind nun Ökobilanz und CO$_2$-Fußabdruck wirklich zwei Seiten einer Medaille?

Im Prinzip ja, wenngleich die Ökobilanz die Umweltauswirkungen im Fokus hat und der CO$_2$-Fußabdruck klar auf die Klimawirkung zielt. Beiden Seiten der Medaille ist jedoch gemeinsam, dass sie einen Weg in Richtung Nachhaltigkeit aufzeigen. Einen Weg, den jedes Unternehmen gehen muss, das sich zu einer nachhaltigen Organisation transformieren will. Eine Ökobilanz mit entsprechendem CO$_2$-Fußabdruck der betroffenen Organisation sind zwei Aspekte eines gemeinsamen und erfolgreichen Pfads für Unternehmen zur Nachhaltigkeit.

Der richtige Ansatz

Welcher dieser Aspekte – Ökobilanz oder CO$_2$-Fußabdruck – aber ist nun für welches Unternehmen der richtige Ansatz?

Die Frage lässt sich so nicht beantworten, dazu gibt es zu viele Rahmenbedingungen in jedem Unternehmen, die betrachtet und bewertet werden müssen. Es hat sich jedoch gezeigt, dass für energieintensive Unternehmen, beispielsweise im Maschinenbau, der CO$_2$-Fußabdruck den einfacheren Aufsatzpunkt darstellt, da THG-Emission und Energieverbräuche hier oft direkt proportional sind. Für produzierende Unternehmen mit einer großen Lieferkette und zahlreichen Vorprodukten ist dagegen oftmals die Ökobilanz der bessere Ansatz, da hier der Ressourcenverbrauch die bestimmende Größe ist.

Schlussendlich ist es egal, wie ein Unternehmen hier beginnt. Die Erstellung eines CO$_2$-Fußabdrucks führt in letzter Konsequenz auch immer zu einer Ressourcen- bzw. Ökobilanz. Und bei der Erstellung einer Ökobilanz ist das Thema Energieverbrauch und damit auch

THG-Emissionen immer ein wesentlicher Bestandteil. So gesehen, sind es wirklich zwei Seiten einer Medaille und damit spielt es keine Rolle, mit welchem der beiden Methoden der Start erfolgt.

Beide Seiten der Medaille sind wichtige Bestandteile am Anfang eines jeden Nachhaltigkeitsmanagements. Ein Nachhaltigkeitsmanagement, das als sehr wichtiges Steuerinstrument für jedes Unternehmen die Transformation zur Nachhaltigkeit und zu einer Kreislaufwirtschaft erst möglich macht.

Schließlich und endlich führt die Ökobilanz zum CO_2-Fußadruck und umgekehrt. Reine Geschmackssache.

Fazit

Eine Ökobilanz und ein CO_2-Fußabdruck sind zwei Aspekte der selben Sache. Sie sind beide notwendig, um ein Unternehmen in Richtung Nachhaltigkeit zu transformieren. Beide Seiten der Medaille führen zu einer funktionierenden Kreislaufwirtschaft.

Quellenverweis und Anmerkungen

1. http://www.ghgprotocol.org/
2. hier ist der Blickwinkel gemeint, aus dem wir die unterschiedlichen Emissionsquellen betrachten.
3. Spezifische Emissionsfaktoren für den deutschen Strommix: https://www.umweltbundesamt.de/themen/luft/emissionen-von-luftschadstoffen/spezifische-emissionsfaktoren-fuer-den-deutschen.

9

Nachhaltigkeitsbericht – Pflicht oder Kür?

Unabhängig davon, welche Unternehmensform wir zur Umsetzung von Nachhaltigkeit bevorzugen, wir müssen über das, was wir dabei umsetzen reden und unsere Ergebnisse kommunizieren. Doch warum soll eine Organisation einen speziellen Nachhaltigkeitsbericht zu diesem Zweck erstellen? Es reicht doch völlig aus, die Organisation wie beschrieben auf die Anwendung von Nachhaltigkeitskriterien umzustellen, oder nicht? Wir sind doch davon überzeugt, dass eine nachhaltige agierende Organisation auch eine erfolgreiche und stabile Organisation ist. Warum also darüber berichten, unnötig Zeit und Ressourcen zu verschwenden?

Die Antwort darauf ist, dass der Nachhaltigkeitsbericht der „Kit" ist, der dafür sorgt, dass die Organisation über die Jahre hinweg in ihren Anstrengungen bezüglich Nachhaltigkeit nicht nachlässt. Denn mit dem Nachhaltigkeitsbericht werden regelmäßig sowohl die Erfolge als auch die

© Springer-Verlag GmbH Deutschland, ein Teil von Springer Nature 2022
M. Wühle, *Nachhaltigkeit messbar machen*,
https://doi.org/10.1007/978-3-662-66047-8_9

Herausforderungen für die Organisation sichtbar. Beides erzeugt den notwendigen Druck auf die Entscheidungsebene innerhalb der Organisation. Ist erstmals ein Nachhaltigkeitsbericht veröffentlicht, wird die Geschäftsleitung ihn im nächsten Jahr nicht gleich wieder abschaffen. Die Anspruchsgruppen des Unternehmens werden schon dafür sorgen, dass die Berichte weiterhin erstellt werden.

Für das Nachhaltigkeitsmanagement ist der Bericht die Basis schlechthin, auf deren Grundlage die Ziele, Projekte und Maßnahmen definiert und überwacht werden. In der Außenwirkung trägt der Nachhaltigkeitsbericht darüber hinaus wesentlich zum Image der Organisation bei und kann bei schwierigen Branchen dazu beitragen, die Wogen zu glätten.

Ich möchte sogar so weit gehen und behaupten, dass ein Nachhaltigkeitsbericht in wenigen Jahren für jede Organisation, die dauerhaft erfolgreich tätig sein will, eine alternativlose Maßnahme für ein Bestehen am Markt ist. Der Nachhaltigkeitsbericht hilft der Organisation dabei, Ziele zu setzen, Leistungen zu messen und Veränderungen zu schaffen, um die eigene Geschäftstätigkeit nachhaltig gestalten zu können.

Dies ist überlebensnotwendig, denn die bisherige, rein profitorientierte betriebswirtschaftliche Unternehmensphilosophie hat sich überlebt. Verbraucher, Kunden und Lieferanten orientieren sich zunehmend an nachhaltig agierenden Organisationen und machen dies nicht zuletzt auch an der Existenz eines regelmäßigen Nachhaltigkeitsberichts fest.

Es kann mitunter schwer sein, die Geschäftsleitung, die Vorstände von der Notwendigkeit und den vielen Vorteilen und Chancen eines Nachhaltigkeitsberichts zu überzeugen. Für diesen Fall habe ich im Anhang 5 eine kleine Nutzenliste hinterlegt, die Sie für Ihre Überzeugungsarbeit gern verwenden können.

Der Nachhaltigkeitsbericht ist ein zentrales Element jedes Nachhaltigkeitsmanagements. Deshalb behandeln wir diesen Punkt relativ ausführlich.

9.1 Vorgehensweise und Aufbau

Für die Erstellung eines Nachhaltigkeitsberichts gibt es einen internationalen „Quasi-Standard" – die „Leitlinien zur Nachhaltigkeitsberichterstattung" der Global Reporting Initiative (GRI)[1]. Es gibt keinerlei Zwang, diese Leitlinien zu verwenden, dennoch empfehle ich Ihnen, sich zumindest daran entlangzuhangeln, wenn Sie Ihren ersten Nachhaltigkeitsbericht erstellen. Sollten Sie Ihren Bericht „in Übereinstimmung" mit den GRI-Leitlinien erstellen, sind Sie verpflichtet, die GRI nach der Veröffentlichung darüber zu informieren. Das Gleiche gilt, wenn Ihr Bericht Standardangaben aus den Leitlinien enthält, aber nicht alle Anforderungen der „In Übereinstimmung"-Option erfüllt. Sie können Ihren Nachhaltigkeitsbericht der GRI in schriftlicher oder elektronischer Form zu Verfügung stellen, sowie in der Online-Datenbank der GRI[2] registrieren.

Ich gehe der Einfachheit halber im Folgenden davon aus, dass Sie Ihren Nachhaltigkeitsbericht „in Übereinstimmung" mit den GRI-Richtlinien erstellen wollen. Damit stellt sich zunächst die Frage, ob Sie die die Option „im Kern übereinstimmend" oder „umfassend in Übereinstimmung" für sich wählen. Die „Kern"-Option enthält meiner Ansicht nach alle wesentlichen Elemente und Angaben eines Nachhaltigkeitsberichts. Die „umfassende" Option baut auf der „Kern"-Option auf und erweitert diese um zusätzliche Angaben zu Strategie und Analyse, zur Unternehmensführung, sowie zur Ethik und Integrität der Organisation.

Für den Fall, dass Sie sich entscheiden, die „umfassende" Option zu wählen, bleibt es Ihnen nicht erspart, sich intensiv mit den GRI-Richtlinien[3] zu befassen. Der dazugehörige Umfang würde den Rahmen dieses Buches sprengen, deshalb möchte ich auf die Fachliteratur zur Nachhaltigkeitsberichterstattung verweisen, sowie auf die GRI-Leitlinien selbst. Eine umfangreiche Artikelsammlung zur Nachhaltigkeitsberichterstattung finden Sie beispielsweise im ‚Lexikon der Nachhaltigkeit'[4].

Ich werde mich hier mit der „Kern"-Option begrenzen, die völlig ausreichend ist, wenn Sie sich zum ersten Mal mit der Thematik befassen. Auch hier natürlich meine Empfehlung, sich nach Möglichkeit und Zeitressourcen weiter zu informieren. Einen guten Einstieg bieten auch die „Empfehlungen für eine gute Unternehmensführung"[5] des Bundesministeriums für Umwelt, Naturschutz, Bau und Reaktorsicherheit.

Welche Angaben muss nun ein Nachhaltigkeitsbericht in Überstimmung mit den GRI-Leitlinien „im Kern" aufweisen? Da wären:

- Allgemeine Standardangaben
- Spezifische Standardangaben (Managementansätze, die Disclosures of Management Approach, kurz DMA und Indikatoren)

Die Allgemeinen Standardangaben enthalten die folgenden Kapitel und Themen:

- Strategie und Analyse
- Organisationsprofil
- Ermittelte wesentliche Aspekte und Grenzen
- Einbindung von Stakeholdern
- Berichtsprofil
- Unternehmensführung

- Ethik und Integrität
- Branchenbezogene allgemeine Standardangaben

Die erforderlichen spezifischen Standardangaben und Indikatoren sind:

- Allgemeine Angaben zum Managementansatz
- Indikatoren
- Branchenbezogene spezifische Standardangaben

Wenn Teile dieser Angaben bereits in anderen Berichten Ihrer Organisation, wie beispielsweise dem Geschäfts- oder dem Umweltbericht enthalten sind, müssen Sie diese Inhalte nicht im Detail wiedergeben, sondern es genügt, wenn Sie in Ihrem Bericht mitteilen, wo diese Informationen zu finden sind.

9.2 Grundsätzliches zu Inhalt und Qualität

Zunächst sollten Sie sich der Grundsätze vor Augen führen, die nach den GRI-Leitlinien für einen Nachhaltig-keitsbericht inhaltlich und qualitativ erforderlich sind:

- **Einbeziehung von Stakeholdern**
  Geben Sie Ihre Anspruchsgruppen (Stakeholder) an und erläutern Sie, in welcher Weise Sie auf deren angemessen Erwartungen und Interessen eingegangen sind.
- **Nachhaltigkeitskontext**
  Stellen Sie die Leistungen Ihrer Organisation im Zusammenhang mit Ihren Konzepten zu einer nach-haltigen Entwicklung in allen drei Dimensionen der

Nachhaltigkeit (Ökonomie, Gesellschaft/Soziales, Ökologie) dar.

- **Wesentlichkeit**
  Geben Sie die wesentlichen ökonomischen, sozial/gesellschaftlichen und ökologischen Auswirkungen Ihrer Organisation wieder, die die Beurteilungen und Entscheidungen Ihrer Anspruchsgruppen maßgeblich beeinflussen.

- **Vollständigkeit**
  Beschreiben Sie alle wesentlichen wirtschaftlichen, sozial/gesellschaftlichen und ökologischen Auswirkungen durch die Tätigkeit Ihrer Organisation, die als wichtig einzustufen sind und die möglicherweise einen Einfluss auf die Entscheidungen Ihrer Anspruchsgruppen haben könnten.

- **Ausgewogenheit**
  Liefern Sie ein ausgewogenes und wertfreies Bild der Leistungen Ihrer Organisation ab. Dies beinhaltet sowohl positive als auch negative Aspekte (z. B. Umweltverschmutzung oder Lärmverursachung).

- **Vergleichbarkeit**
  Stellen Sie Ihre Informationen so zusammen, dass Sie und Ihre Anspruchsgruppen Veränderungen im zeitlichen Verlauf analysieren und mit anderen Organisationen vergleichen können.

- **Genauigkeit**
  Seien Sie mit Ihren Angaben und Daten so genau und detailliert wie möglich, damit Ihre Anspruchsgruppen Ihre Leistungen auch bewerten können.

- **Aktualität**
  Achten Sie auf eine regelmäßige, jährliche Berichterstattung und auf die Aktualität der Inhalte. Wiederholen Sie nicht Dinge, über die Sie bereits berichtet haben, ohne dass diese eine Veränderung vorweisen.

- **Klarheit**
  Sorgen Sie dafür, dass Ihre Informationen und Angaben klar und verständlich sind
- **Verlässlichkeit**
  Bereiten Sie Ihren Bericht so auf, dass er einer externen Überprüfung unterzogen werden kann. Es ist sehr wichtig, dass Ihre Anspruchsgruppen davon überzeugt sind, dass eine externe Überprüfung Ihres Berichts dessen Richtigkeit bestätigen würde (was nicht bedeutet, dass eine solche externe Überprüfung erfolgen muss; das bleibt ganz alleine Ihnen überlassen).

9.3 Zusammenstellung der Standardangaben nach GRI

Zunächst müssen Sie diejenigen der allgemeinen und spezifischen Standardangaben ermitteln, die für unsere „Im Kern übereinstimmend"-Option erforderlich sind. Sammeln Sie in Ihrer Organisation alle notwendigen Daten, Dokumente und Nachweise und fügen Sie diese in die von der GRI definierten Struktur und Reihenfolge zusammen (siehe auch Anhang 9 und 10).

Berücksichtigen Sie bei Ihrer Arbeit die Grundsätze der Nachhaltigkeitsberichterstattung. Wenn Sie sich nicht mehr sicher sind, was dies im Einzelnen ist, lesen Sie sich einfach noch einmal das Abschn. 9.2 durch und notieren sich am besten die für Sie zutreffenden Merkmale. Der Ermittlung wesentlicher Aspekte und Elemente kommt dabei eine besondere Bedeutung zu, denn sie bilden ein zentrales Element für die „In Übereinstimmung"-Option.

Im Gegensatz zu den allgemeinen Standardangaben wie Strategie, Organisation, Einbindung der Anspruchsgruppen, branchenbezogene Angaben usw. geht es bei

den spezifischen Standardangaben um den Managementansatz (Disclosures of Management Approach, kurz
DMA) der Organisation sowie um Indikatoren in allen
drei Dimensionen der Nachhaltigkeit (wirtschaftlich,
sozial/gesellschaftlich und ökologisch). Den ökologischen
Indikatoren zum Ressourcenverbrauch (Material, Energie,
Wasser, usw.), sowie den Themen Abwasser, Abfall und
Emissionen (insbesondere von Treibhausgasen) kommt
eine besondere Bedeutung zu. Im Kap. 4 haben wir
unser Konsumverhalten angesehen und bereits dort festgestellt, welch große und zunehmende Wichtigkeit
diese Indikatoren für unser Kaufverhalten haben. Umso
wichtiger ist es deshalb für jede Organisation, hier trans-
parent und offen zu berichten und im Verlauf der Jahre
signifikante Verbesserungen vorweisen zu können.

Die wesentlichen Aspekte und Grenzen festzulegen
und kontinuierlich zu justieren, ist ein Prozess, der, wenn
er innerhalb der Organisation richtig installiert ist, einen
qualitativ hochwertigen Nachhaltigkeitsbericht ermöglicht. Der zyklische Prozess besteht aus den Schritten
Ermittlung, Priorisierung, Validierung und der finalen
Überprüfung. Die Ergebnisse steuern und regeln dann
wieder den ersten Schritt, siehe Prozess in Abb. 9.1:

Die Befolgung der einzelnen Prozessschritte ist wesentlich für die Umsetzung der Berichterstattungsgrundsätze,
die zur Erreichung der gewünschten Transparenz des
Nachhaltigkeitsberichts von zentraler Bedeutung sind.

Schritt 1: Ermittlung Nachhaltigkeitskontext

Zunächst werden die relevanten Themen für die
Organisation ermittelt. Wenn Ihre Organisation noch
keine Erfahrungen mit Nachhaltigkeitsberichten hat,
sollten Sie sich zunächst auf zwei Themenbereiche
konzentrieren:

**Ermittlung
Nachhaltigkeits-
Kontext**

**Feedbackrunde,
Prüfung auf neue
oder zu ändernde
Inhalte**

**Priorisierung der
Wesentlichkeiten**

Veröffentlichung

**Validierung auf
Vollständigkeit**

Abb. 9.1 Prozess Berichterstellung

- Die internen Strukturen der Organisation
- Die Anspruchsgruppen der Organisation

Was sind nun die relevanten Punkte in beiden Themenbereichen? Das sind Dinge, die maßgebliche Auswirkung auf die ökonomischen, sozialen/gesellschaftlichen und ökologischen Elemente Ihrer Organisation haben. Dazu gehören neben den internen Strukturen die Detailthemen, die großen Einfluss auf die Entscheidungen Ihrer Anspruchsgruppen in Bezug auf Ihre Organisation haben.

Um diese Punkte zu ermitteln, sollten Sie sich folgende Fragen stellen:

- Wie werden Sie von Ihren Kunden gesehen und beurteilt?
- Wie verhält sich ein typischer Kunde von Ihnen, wenn Sie die Preise für Ihre Produkte oder Dienstleistungen erhöhen oder senken?
- Was passiert, wenn Sie neue und innovative Produkte oder Dienstleistungen auf den Markt bringen?

- Wie reagieren Ihre Kunden, wenn Sie auf Erneuerbare Energien in der Produktion umsteigen oder auf Nachhaltigkeit in der Lieferkette Wert legen?
- Wie leicht können Sie Personal rekrutieren? Ist Ihre Organisation attraktiv für Nachwuchskräfte?
- Wie wirken sich Anreizmodelle für die Mitarbeiter in der Motivation und Krankheitsquote aus?

Tipp

Machen Sie einen kleinen Workshop dazu, laden Sie möglichst viele kreative Kolleg:innen aus allen Bereichen Ihrer Organisation ein und veranstalten Sie ein kleines Brainstorming. Sie werden überrascht sein von der Vielzahl und Unterschiedlichkeit der verschiedenen Themen.

Schritt 2: Priorisierung der Wesentlichkeiten

Die GRI-Definition des Wesentlichkeitsgrundsatzes besagt:

„Der Bericht sollte Aspekte abdecken, die:

- *die wesentlichen wirtschaftlichen, ökologischen und gesellschaftlichen Auswirkungen der Organisation wiedergeben bzw.;*
- *die Beurteilung und Entscheidung der Stakeholder maßgeblich beeinflussen"*

Sie selbst müssen Ihre Themen analysieren und nach Möglichkeit auch priorisieren. Führen Sie Ihren Workshop fort und diskutieren Sie im Kollegenkreis die jeweiligen Einschätzungen.

Wenn Sie ein Thema nicht quantifizieren können, bedeutet das nicht, dass es nicht wichtig und relevant ist.

Nehmen wir beispielsweise das Thema Kundenzufriedenheit. Sie haben keine Auswertung darüber? Dennoch entdecken Sie nun, dass dieses Thema ganz offensichtlich sehr wesentlich für die Entwicklung Ihrer Organisation ist? Schon beginnt ein fruchtbarer strategischer Prozess.

- Wie können wir die Kundenzufriedenheit ermitteln?
- Welche Engpässe gibt es hier und was sind die wichtigsten Erwartungen unser Kunden?

Sie sehen, allein die Beschäftigung mit den wesentlichen Inhalten Ihres Nachhaltigkeitsberichts triggert Ihr komplettes Nachhaltigkeitsmanagement!

Sie können an dieser Stelle auch gezielt Ihre Anspruchsgruppen befragen, welche Inhalte und Themen in Bezug auf Ihrer Organisation für sie wichtig wären und in den Bericht aufgenommen werden sollten. Wenn Sie an dieser Stelle Feedback bekommen, dann empfehle ich Ihnen diese Themen tunlichst in Ihren Bericht aufnehmen.

Darüber hinaus gibt es auch Anspruchsgruppen in Ihrer Organisation, die Sie zwar nicht befragen, aus Ihrer gesellschaftlichen Verantwortung heraus jedoch beachten sollten. Da ist zuerst einmal die künftige Generation:

- Beeinträchtigt die Aktivität Ihrer Organisation die Ressourcen der nächsten und übernächsten Generation?
- Wirtschaftet Ihre Organisation enkeltauglich?
- Wie wirken Sie auf die Umwelt, die Ökosysteme und den Klimawandel ein?

Wenn Sie dann (als Ergebnis Ihres inzwischen wahrscheinlich schon eintägigen Workshops) alle Themen und Aspekte ermittelt haben, die für Ihren Nachhaltigkeitsbericht relevant und wesentlich sind, dann bringen Sie diese in eine Rangfolge nach Priorität. Bewerten Sie dazu die Chancen und Risiken, die sich aus den Themen ergeben nach folgenden Kriterien:

- die Wahrscheinlichkeit des Auftretens einer Auswirkung
- den Schweregrad einer Auswirkung
- die Wahrscheinlichkeit für das Auftreten von Chancen und Risiken im Zusammenhang mit einem Aspekt
- die Maßgeblichkeit der Auswirkung für die langfristige wirtschaftliche Leistung der Organisation
- die Chance für die Organisation, durch die Auswirkung zu wachsen bzw. sich einen Vorteil, vielleicht sogar ein Alleinstellungsmerkmal daraus zu verschaffen.

Ein sehr wirkungsvolles und dennoch einfaches Instrument zur Festlegung der Reihenfolge ist eine Visualisierung ähnlich der bereits behandelten SWOT-Analyse (siehe Anhang 1).

Zeichnen Sie dieses einfache Quadranten-Diagramm mit den Bezeichnungen der Achsen wie in Abb. 9.2 auf ein Flipchart oder ein Blatt Papier und schreiben Sie den Aspekt, das Thema darüber (z. B. Attraktivität der Organisation). Geben Sie nun jedem Teilnehmer Ihres Workshops einen Klebepunkt für jedes Thema oder jeden Aspekt und bitten Sie darum, dass jede:r seine Punkte an der Stelle in das Diagramm klebt, der seiner Einschätzung nach zutrifft. (Nehmen Sie pro Thema eine andere Farbe und machen Sie eine kleine Zuordnungsliste.) Die Einteilung in vier Quadranten ist dabei noch nicht wichtig.

Je bedeutsamer der Aspekt hinsichtlich der Auswirkungen auf die Organisation eingeschätzt wird, desto weiter rechts muss der Punkt geklebt werden. Je größer der Einfluss des Themas auf unsere Anspruchsgruppen ist, desto höher muss der Punkt geklebt werden.

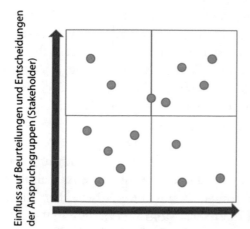

Einfluss auf Beurteilungen und Entscheidungen der Anspruchsgruppen (Stakeholder)

Bedeutung der ökonomischen, ökologischen und gesellschaftlich/sozialen Auswirkungen der Organisation

Abb. 9.2 Bedeutung und Wertigkeit von Nachhaltigkeitsthemen

> **Tipp**
>
> Wenn Sie ein sensibles Thema auf diese Art bewerten wollen, beispielsweise ein personelles Thema wie Gleichstellung der Geschlechter in Ihrer Organisation, dann drehen Sie das Flipchart einfach zur Wand, kleben selbst den ersten Punkt und lassen dann die Kollegen einzeln ihren Punkt kleben.

Als Nächstes können wir mit der Bewertung beginnen; nun werden die Quadranten wichtig. Die Punkte im unteren linken Quadranten können wir getrost vergessen. Die entsprechenden Themen haben weder eine große Auswirkung auf unsere Organisation, noch sind sie für unsere Anspruchsgruppen relevant. Weg damit!

Im Gegensatz dazu sind alle Themen und Aspekte im rechten oberen Quadrant von höchster Relevanz für uns. Diese Themen sind alle gesetzt für unseren Bericht! Wir können auch innerhalb des Quadranten bereits eine

Reihenfolge erkennen. Bei den verbliebenen Quadranten müssen wir noch einmal genau hinsehen. Diskutieren Sie im Kollegenkreis, ob die Punkte in den Nachhaltigkeitsbericht aufgenommen werden sollen, da sie ja entweder eine bedeutende Auswirkung auf unsere Organisation oder großen Einfluss auf die Entscheidungen und Einschätzungen unserer Anspruchsgruppen hat.

An dieser Stelle ist auf jeden Fall die oberste Leitung Ihrer Organisation gefragt. Die Geschäftsführung (oder der Vorstand) muss grundsätzlich über die Aufnahme der von Ihnen erarbeiteten Themenliste entscheiden. Idealerweise nimmt Ihre Geschäftsführung an Ihrem Workshop teil und kann an Ort und Stelle darüber befinden. Am Ende dieses Arbeitsschritts haben Sie auf jeden Fall eine vollständige und priorisierte Themenliste in der für Ihre Organisation zutreffenden Reihenfolge (siehe Abb. 9.3).

Wenn Sie zu viele Themen und Aspekte haben, die sie priorisieren müssen, dann empfehle ich Ihnen, Cluster zu bilden. Es gibt natürlich unzählige Möglichkeiten, sinnvoll zu clustern, und möglicherweise haben Sie schon die für Sie beste Aufteilung von Augen. Wenn nicht, dann schlage ich vor, auch hier die drei Dimensionen der Nachhaltigkeit zu verwenden. Bilden Sie Gruppen für ökonomische, ökologische und gesellschaftlich/soziale Themen und sortieren Sie die einzelnen Punkte schwerpunktmäßig zu.

Schritt 3: Validierung der Vollständigkeit
Wir sind nun nicht mehr weit von der Erstellung und Veröffentlichung unseres Nachhaltigkeitsberichts entfernt und müssen lediglich das Zusammengetragene auf Vollständigkeit überprüfen und gleichzeitig die Einbeziehung der Anspruchsgruppen sicherstellen. An dieser Stelle sollten Sie überlegen, ob Sie diese Überprüfungen nicht von einem externen Berater durchführen lassen sollten. Das kostet Geld, ja gewiss, es bringt Ihnen aber auch unüber-

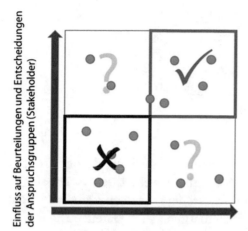

Einfluss auf Beurteilungen und Entscheidungen der Anspruchsgruppen (Stakeholder)

Bedeutung der ökonomischen, ökologischen und gesellschaftlich/sozialen Auswirkungen der Organisation

Abb. 9.3 Gewichtete Nachhaltigkeitsthemen

sehbare Vorteile. Natürlich bringt es auch dem externen Berater wie beispielsweise mir Vorteile, sprich Aufträge; das ist jedoch ganz in Ordnung, denke ich.

- Ein externer Beobachter hat einen ganz anderen Blickwinkel als Sie. Im Gegensatz zu Ihnen ist er nicht „betriebsblind", was Sie nie ganz vermeiden können, so sehr Sie sich auch um Objektivität bemühen. Ein externer Berater „sieht" Dinge, die Sie einfach nicht sehen können, weil Sie sich innerhalb der Organisation befinden. Diese neuen Aspekte und Themen, die Sie durch einen externen Beobachter gewinnen, können für Ihre Organisation sehr wertvoll sein.
- Ein guter externer Nachhaltigkeitsmanager hat sich auf das Thema Nachhaltigkeit spezialisiert und ist (hoffentlich) Experte auf diesem Gebiet. Gerade wenn Sie in puncto Nachhaltigkeit am Anfang stehen und vielleicht

Ihren ersten Nachhaltigkeitsbericht entwerfen, können Sie von einem Fachmann enorm viel lernen.

- Sie zeigen Ihren Anspruchsgruppen, dass Sie um Objektivität und Transparenz bemüht sind und mit Ihrem Nachhaltigkeitsbericht kein Greenwashing betreiben wollen.

Schritt 4: Veröffentlichung

Im Ergebnis der Schritte Ermittlung, Priorisierung und Validierung sind Sie nun so weit, Ihren Nachhaltigkeitsbericht erstellen und veröffentlichen zu können. Sie haben akribisch und systematisch alle Daten, Themen und Aspekte zusammengetragen und müssen diese nun in eine leicht lesbare und druckbare Version bringen.

Auch wenn Layout und Design natürlich nicht unwichtig sind, bedenken Sie bitte, dieses Argument: Wenn Sie diese Arbeit von einem externen Spezialisten machen lassen, und noch dazu vielleicht in entsprechend hochwertiger Ausführung, dann kann das einen größeren Mittelständler schnell mal 50.000 bis 70.000 EUR kosten. Glauben Sie mir, für Ihre Stakeholder sind die Inhalte wichtiger – in aller Regel können Sie zumindest Ihren ersten Nachhaltigkeitsbericht inhaltlich in Eigenregie erstellen.

Verteilen Sie Ihren Nachhaltigkeitsbericht möglichst an alle Anspruchsgruppen Ihres Unternehmens (und natürlich auch an Ihre Belegschaft) und vergessen Sie nicht, dass man Sie in den Folgejahren daran messen wird!

Stellen Sie Ihren Nachhaltigkeitsbericht als PDF-Datei zum Download auf Ihre Homepage und vergessen Sie nicht Ihre Mitteilungspflicht gegenüber der GRI, falls Sie Ihren Bericht „in Übereinstimmung" erstellt haben.

Schritt 5: Feedbackrunde, Prüfung auf neue oder zu ändernde Inhalte

Machen wir uns klar, was nach der Veröffentlichung Ihres Berichts kommen muss, um das Thema Nachhaltigkeitsberichterstattung auch nachhaltig in Ihrer Organisation zu verankern.

Der Tag der Veröffentlichung Ihres Berichtes ist Tag Eins der Erstellung des Berichts für das nächste Berichtsjahr und aller Wahrscheinlichkeit nach brauchen Sie diese Zeit auch, um Ihren aktuellen Bericht zu prüfen und ihn für das nächste Mal zu optimieren.

Erinnern Sie sich an unseren virtuellen Workshop zur Themenfindung und zur Priorisierung? Sie sind in der reellen Umsetzung bei diesem Schritt ganz sicher auf neue Themen, neue Aspekte und neue Relevanzen und Wesentlichkeiten gestoßen. Diese Dinge können und wollen Sie natürlich nicht einfach so stehenlassen. Im Gegenteil, diese neuen Erkenntnisse bauen Sie in Ihre Organisation und deren Abläufe ein und bedienen so einen Schlüsselprozess Ihres Nachhaltigkeitsmanagements. Sie optimieren mit den Kollegen und in Abstimmung mit Ihrer Geschäftsführung die Organisation! Vergessen Sie dabei auf keinen Fall, auch die Reaktionen und Stellungnahmen Ihrer Anspruchsgruppen einzuholen und deren Anmerkungen die gleich hohe Aufmerksamkeit zu schenken wie Ihren internen Reaktionen und Maßnahmen.

Ein anderer Überprüfungsschritt betrifft die spezifischen Merkmale Ihrer Branche. Prüfen Sie auch, ob es für Ihre Branche Aspekte und spezifische Standardangaben gibt. Wenn ja, wenden Sie diese in Ihrem Nachhaltigkeitsbericht an. Sie finden diese Branchenangaben unter Sector Guidance[6] auf der Homepage der GRI. Derzeit finden Sie dort Angaben (Sector Supplements) für die Branchen:

- Airport Operators
- Construction and Real Estate
- Electric Utilities
- Event Organizers
- Financial Services
- Food Processing
- Media
- Mining and Metals
- NGO
- Oil and Gas

Ich habe selbst in den Jahren 2009 und 2010 in GRI-Supplement Workshops für den Bereich Airport Operators (Flughafenbetreiber) mitgearbeitet. Als Lohn für meine Arbeit in dieser Multi-Stakeholder-Working-Group, die mir sehr viel Spaß gemacht hat und in der ich sehr viel zum Thema Nachhaltigkeit gelernt habe, bin ich auf der entsprechenden Seite der GRI-Homepage unter „Who developed the Supplement?" verewigt[7]. Das Ergebnis unserer Arbeit können Sie sich unter https://www.globalreporting.org/search/?query=airport#:~:text=Airport%20Operators%20Sector-,Disclosures,-Reporting%20Resources herunterladen, falls Sie zufällig für einen Flughafenbetreiber tätig sind oder einfach nur mal sehen wollen, wie branchenspezifische Standardangaben definiert sind.

Ich denke, Sie werden sich unter den zehn Branchen wiederfinden und dort spezifische Angaben für Ihren Bericht herausziehen können.

Beachten Sie bei der Zusammenstellung Ihrer Daten und Angaben auch immer die Wesentlichkeit und blähen Sie Ihren Bericht nicht unnötig auf. Aspekte, die für Ihre Organisation und Ihre Branche als nicht wesentlich anzusehen sind, sollten auch nicht in Ihrem Bericht behandelt werden. Darüber hinaus können und sollten

Sie natürlich Informationen zu Themen, die nicht in den GRI-Leitlinien aufgeführt werden, jedoch für Ihre Organisation Ihrer Ansicht nach wichtig sind, in Ihren Nachhaltigkeitsbericht aufnehmen. Nach allen allgemeinen und spezifischen Arbeitsschritten sind wir nun soweit, unseren Nachhaltigkeitsbericht jährlich zu erstellen und kontinuierlich zu optimieren.

9.4 GRI-Standards

Die GRI-Leitlinien werden permanent weiterentwickelt und so gibt es nun einen grundlegenden Systemwechsel von den bisherigen G4-Leitlinien zu den neuen GRI-Standards.

Die bisherigen GRI-Leitlinien, insbesondere G4 waren nicht flexibel genug, um mit anderen Rahmenwerken, wie beispielsweise den internationalen Sustainable Development Goals (SDGs), einfache und passende Schnittstellen zu bilden.

Es gibt einige wesentliche Änderungen bei den GRI-Standards im Vergleich zu den bisherigen Leitlinien. Die Auswirkungen der Geschäftstätigkeit der berichtenden Organisation (impact to environment), der Aspekt Wesentlichkeit und die Managementansätze werden deutlicher berücksichtigt bzw. präzisiert. Die Inhalte bleiben weitgehend die Gleichen wie in GRI G4, sind jedoch anders strukturiert.

Die Inhalte der GRI-Standards sind modular aufgebaut und gliedern sich in 37 Module. Es gibt universelle Standards sowie themenspezifische Standards in den drei Dimensionen der Nachhaltigkeit Ökonomie, Ökologie sowie Soziales.

Die universellen Standards GRI 101 – Grundlagen, 102 – Allgemeine Angaben und 103 – Managementansatz sind bei den GRI-Standards nun Pflichtanforderungen, d. h. ein Nachhaltigkeitsbericht „in Übereinstimmung" oder „im Kern übereinstimmen" muss die Universal Standards vollständig umfassen.

Die themenspezifischen Standards GRI 200 – Ökonomie, 300 – Ökologie und 400 Soziales finden soweit Anwendung, wie es zum Verständnis der relevanten Nachhaltigkeitsthemen in der Organisation notwendig ist.

Berichtsgrundsätze der GRI-Standards

Die Einhaltung der Berichtsgrundsätze ist fundamental wichtig, um einen qualitativ hochwertigen Nachhaltigkeitsbericht zu erzeugen. Nach GRI-Standards gibt es die zehn folgenden Berichtsgrundsätze für die Inhalte und die Qualität eine GRI-konformen Nachhaltigkeitsberichts (siehe Abb. 9.4):

Wesentlichkeit in GRI-Standards

Der Wesentlichkeit (Materiality) kommt in den GRI-Standards eine besondere Bedeutung zu. Der Nachhaltigkeitsbericht soll daher insbesondere Themen umfassen, die:

- die bedeutenden ökonomischen, ökologischen und sozialen Auswirkungen
- (impacts) der Organisation enthalten und auch
- inhaltlich die Einschätzungen und Entscheider der
- Stakeholder enthalten

Die Wesentlichkeitsmatrix in Abb. 9.5 kennen Sie bereits aus dem vorherigen Kapitel zu Themen und Aspekten der Nachhaltigkeitsberichterstattung. Hier sehen wir uns die

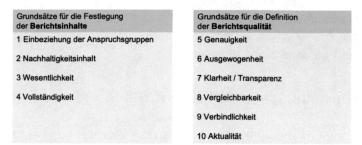

Grundsätze für die Festlegung der **Berichtsinhalte**	Grundsätze für die Definition der **Berichtsqualität**
1 Einbeziehung der Anspruchsgruppen	5 Genauigkeit
2 Nachhaltigkeitsinhalt	6 Ausgewogenheit
3 Wesentlichkeit	7 Klarheit / Transparenz
4 Vollständigkeit	8 Vergleichbarkeit
	9 Verbindlichkeit
	10 Aktualität

Abb. 9.4 Berichtsgrundsätze

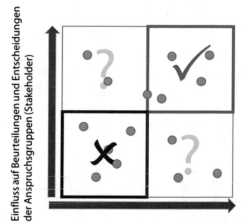

Einfluss auf Beurteilungen und Entscheidungen der Anspruchsgruppen (Stakeholder)

Bedeutung der ökonomischen, ökologischen und gesellschaftlich/sozialen Auswirkungen der Organisation

Abb. 9.5 Wesentlichkeitsmatrix

Grafik unter dem Blickwinkel der Wesentlichkeit nochmal an. Alle Themen im oberen rechten Quadranten sind wesentlich für uns und damit gesetzt für den Nachhaltigkeitsbericht. Die Themen im unteren linken Quadranten sind für uns nicht wichtig. Bei den beiden verbliebenen Quadranten müssen Sie nun im Einzelfall entscheiden, ob das entsprechende Thema wesentlich für Ihre Berichterstattung ist. Die Wesentlichkeit der Themen ändert sich im Laufe der Zeit für jedes Unternehmen. Daher sollten Sie die Wesentlichkeitsmatrix auch regelmäßig überprüfen und gegebenenfalls anpassen.

Umstellung von GRI G4 auf GRI-Standards

Eine Organisation, die noch nach GRI G4 berichtet, dürfte keine großen Probleme bei der Umstellung haben, wenn die neue Struktur und die teilweise neue Logik in den Organisationsbereichen aufgenommen und angewendet wird.

Zu beachten ist, dass seit dem 1. Juli 2018 die neuen GRI-Standards in der Nachhaltigkeitsberichterstattung verwendet werden müssen, wenn der Bericht im „Kern übereinstimmend" oder „in Übereinstimmung" mit der GRI erstellt und als solcher bezeichnet werden soll.

Zusammenfassend sind folgende Unterschiede bei der Umstellung auf GRI-Standards zu beachten:

- Ein Bericht gemäß den GRI-Standards als eigenständiger Nachhaltigkeitsbericht muss einen GRI-Inhaltsindex enthalten.
- Es gibt nun eine konkrete Unterscheidung der Informationen und Angaben nach Pflichtanforderungen (required), Empfehlung (recommended) und Option (guidance).
- In GRI 101 (Foundation) wird die neue Sichtweise der impacts (Auswirkungen) auf Wirtschaft, Umwelt und Gesellschaft erläutert.
- In GRI 103 (Management Approach) wird die neue Fokussierung auf die Wesentlichkeiten (material) deutlich. Das Unternehmen hat hier die Wesentlichkeiten der Organisation zu erläutern und die jeweiligen Systemgrenzen (topic boundery) anzugeben

Danach sollten Sie folgende Transformationsschritte durchführen:

- Durchführung einer erneuten Wesentlichkeitsanalyse anhand der neuen Schwerpunkte in GRI-Standards
- Überprüfung, welche Indikatoren, Inhalte, Daten und KPIs unverändert aus der GRI-G4-Welt übernommen werden können und wo Modifizierungen notwendig sind
- Beschreibung/Definition modifizierter/neuer Indikatoren und KPIs
- Übertragung der bisherigen G4-Inhalte nach GRI-Standards
- Überprüfung der Vollständigkeit nach GRI-Standards

Für die Transformation bestehender G4-Berichts-strukturen zum neuen Sustainability Reporting Standard (GRI-SRS) stellt die Global-Reporting-Initiative auf ihrem Resource Download Center im Bereich „GRI Standard Resources" ein sehr nützliches Excel-Tool[8] kostenlos zur Verfügung. Damit sollte die Umstellung im Berichts-system für Sie mit überschaubarem Aufwand verbunden sein (siehe auch Anhang 10).

9.5   Nichtfinanzielle Berichterstattung – CSR-Richtlinie

Das Gesetz[9] zur Stärkung der nichtfinanziellen Bericht-erstattung der Unternehmen in ihren Lage- und Konzern-lageberichten (CSR-Richtlinie-Umsetzungsgesetz) zur Umsetzung der EU-Richtlinie 2014/95/EU ist seit Anfang 2017 in Kraft gesetzt.

Die Richtlinie erfasst große Unternehmen von öffentlichem Interesse, die kapitalmarktorientiert (siehe HGB § 264d Kapitalmarktorientierte Kapitalgesellschaft) sind, eine Bilanzsumme von 20 Mio. EUR, Umsatzerlöse von 40 Mio. EUR (siehe HGB § 267 Größenklassen von Kapitalgesellschaften) und 500 Beschäftigte oder mehr haben. Kreditinstitute oder Versicherungsunternehmen sind berichtspflichtig, wenn sie im Jahresdurchschnitt mehr als 500 Arbeitnehmer beschäftigt.

Ein prinzipiell berichtspflichtiges Unternehmen ist von der Pflicht zur Erstellung einer nfB befreit, wenn:

- das Unternehmen in den Konzernlagebericht eines Mutterunternehmens einbezogen ist und
- dieser Konzernlagebericht in Einklang mit der Richtlinie 2013/34/EU aufgestellt wird (in Deutschland eine nfB nach der CSR-Richtlinie)

Das berichtspflichtige Unternehmen kann für die Erstellung der nfB nationale, europäische oder internationale Rahmenwerke nutzen → z. B. GRI-Standards oder DNK (das verwendete Rahmenwerk muss in der nfB angegeben werden).

Das berichtspflichtige Unternehmen muss keine Angaben zu künftigen Entwicklungen oder Belangen aufnehmen, wenn diese geeignet sind, dem Unternehmen einen erheblichen Nachteil zuzufügen und das Weglassen der Angaben ein Verständnis zur Geschäftstätigkeit des Unternehmens nicht verhindert.

Anforderungen an die nfB

Die nfB kann im Geschäftsbericht integriert werden oder parallel zum Geschäftsbericht spätestens vier Monate nach dem Bilanzstichtag veröffentlicht werden. Bei einer Onlineveröffentlichung ist die nfB mindestens zehn Jahre auf der Internetseite des Unternehmens verfügbar zu machen. Es besteht keine Prüfpflicht.

In der nfB ist das Geschäftsmodell des berichtspflichtigen Unternehmens kurz zu beschreiben. Die nichtfinanzielle Berichterstattung bezieht sich darüber hinaus zumindest auf folgende Aspekte:

• Umweltbelange (THG-Emissionen, Wasserverbrauch, Luftverschmutzung, Erneuerbare Energien, …)
• Arbeitnehmerbelange (Gleichstellung, Arbeitsbedingungen, Gewerkschaften, Gesundheit, …)
• Sozialbelange (Kommunal- u. Regionaldialog, Schutz und Entwicklung lokaler Gemeinschaften)
• Achtung der Menschenrechte
• Bekämpfung von Korruption und Bestechung

Es sind auch Angaben zu machen, die zum Verständnis des Unternehmens erforderlich sind:

• Konzepte des Unternehmens, einschließlich Due-Diligence-Prozesse[10]
• Ergebnisse der Konzepte
• Wesentliche Risiken aus der eigenen Geschäftstätigkeit und deren Handhabung
• Wesentliche Risiken aus den Geschäftsbeziehungen und deren Handhabung
• Bedeutsame nichtfinanzielle Leistungsindikatoren für die Geschäftstätigkeit
• Hinweise auf im Jahresabschluss ausgewiesene Beträge, soweit zum Verständnis erforderlich

> Als international anerkannter Berichtsstandard sind GRI G4/GRI-Standards konform zu den Anforderungen an die nfB gemäß CSR-RL (§ 289d HGB).

Wesentlichkeit nach der CSR-Richtlinie/nfB

Die Wesentlichkeit (siehe Abb. 9.6) der nfB besteht aus fünf Aspekten und zwei Risiken des berichtspflichtigen Unternehmens (§ 289c HGB):

Aspekte
1. Umweltbelange
2. Arbeitnehmerbelange
3. Sozialbelange
4. Achtung der Menschenrechte
5. Bekämpfung von Korruption und Bestechung

Risiken
1. Wesentlichen Risiken, die mit der eigenen Geschäftstätigkeit der Kapitalgesellschaft verknüpft sind und die sehr wahrscheinlich schwerwiegende negative Auswirkungen auf die Aspekte haben oder haben werden,

Wesentlichkeit nach GRI-Standards	Wesentlichkeit nach CSR-RL / nfB
Material topics liefern ein ausgewogenes Bild von den wesentlichen (**material**) Themen des Unternehmens, den damit zusammenhängenden Auswirkungen **impacts** und wie das Unternehmen mit diesen Auswirkungen umgeht	**Aspekte** der Umwelt-, Arbeitnehmer- und Sozialbelange des Unternehmens, die Achtung der Menschenrechte und die Bekämpfung von Korruption und Bestechung
Impacts die Auswirkungen des Unternehmens auf Wirtschaft, Umwelt und die Gesellschaft	**Risiken** die sehr wahrscheinlich schwerwiegende negative Auswirkungen auf die **Aspekte** haben oder haben werden

Abb. 9.6 Gegenüberstellung der Wesentlichkeiten nach GRI und nfB

sowie die Handhabung dieser Risiken durch das Unternehmen.

2. Wesentliche Risiken, die mit den Geschäftsbeziehungen der Kapitalgesellschaft, ihren Produkten und Dienstleistungen verknüpft sind und die sehr wahrscheinlich schwerwiegende negative Auswirkungen auf die Aspekte haben oder haben werden, soweit die Angaben von Bedeutung sind und die Berichterstattung über diese Risiken verhältnismäßig ist, sowie die Handhabung dieser Risiken durch die Kapitalgesellschaft.

> Inhalte und Daten eines NHB nach GRI-Standards und einer nfB nach CSR-RL sind in hohem Maß identisch, wenn auch anders strukturiert und gewichtet

Auch wenn (bisher) nur große Unternehmen in der Europäischen Union verpflichtet sind, eine nichtfinanzielle Berichterstattung zu erstellen, so sollte eigentlich jedes Unternehmen die Chancen erkennen, die durch die nfB entstehen. Das Bild vom und auf das eigene Unternehmen wird geschärft und das Vertrauen der Anspruchsgruppen in das Unternehmen gestärkt. Im Kontext mit einer Nachhaltigkeitsberichterstattung nach den neuen GRI-Standards entsteht so ein vollständiges und präzises Werkzeug zur Steuerung des Nachhaltigkeitsmanagements.

Pflicht oder Kür?

Ob nun die Nachhaltigkeitsberichterstattung eine Pflicht für Unternehmen ist, oder auf Freiwilligkeit beruht, ist meiner Meinung nach nicht wirklich wichtig. Entscheidend ist doch die Frage, wie wir die enormen Möglichkeiten die uns ein Nachhaltigkeitsbericht nach

Innen und Außen bringt nutzen wollen? Nach meiner Erfahrung ist ein Nachhaltigkeitsbericht eine Chance, die sich kein Unternehmen entgehen lassen sollte.

Nachdem wir jetzt wissen, wie wichtig die Erstellung eines Nachhaltigkeitsberichts ist und wie das im Prinzip geht, beginnt nun der letzte Abschnitt dieses Buchs.

Wir haben das notwendige Wissen über Strategien, Ziele und Methoden rund um das Thema Nachhaltigkeit erarbeitet. Die Erstellung einer Ökobilanz und eines CO_2-Fußabdrucks, die Wichtigkeit von Kennzahlen, den Nachhaltigkeits-KPI, haben wir als wichtige Elemente für Kommunikation und Steuerung kennengelernt. Mit den GRI-Standards und der nichtfinanziellen Berichterstattung können wir nun die Leistungen unserer Organisation gewinnbringend für uns und unsere Anspruchsgruppen darstellen, berichten und sie weiterentwickeln.

Damit wir jedoch all dieses Wissen nun auch wirklich in die Realität umsetzen können, brauchen wir einen speziellen Typ Mensch. Einen Menschen, der die Fähigkeiten, die Begeisterung und den Willen hat, nachhaltige Strukturen Wirklichkeit werden zu lassen. Wir brauchen den Nachhaltigkeitsmanager.

Quellenverweis und Anmerkungen

1. https://www.globalreporting.org/search/?query=reporting#:~:text=with%20the%20GRI-,Standards,-pdf.
2. database.globalreporting.org.
3. https://www.globalreporting.org.
4. https://www.globalreporting.org/standards/resource-download-center

5. https://www.bmjv.de/SharedDocs/Gesetzgebungsver-fahren/DE/CSR-Richtlinie-Umsetzungsgesetz.html
6. sorgfältige Prüfung und Analyse eines Unternehmens, insbesondere im Hinblick auf seine wirtschaftlichen, rechtlichen, steuerlichen und finanziellen Verhältnisse.

10

Mache deinen Traum war: Nachhaltigkeitsmanager

Wie wird man Nachhaltigkeitsmanager, manchmal auch CSR-Manager[1] genannt?

Es gibt meiner Ansicht nach nicht den einen Weg, um Nachhaltigkeitsmanager zu werden, dazu sind die Aufgaben und Anforderungen zu vielseitig. Zunächst einmal sind die allgemeinen Eigenschaften eines Managers wie Verantwortungsbewusstsein, Entscheidungsfreude und Verhandlungsgeschick gefragt. Als Nachhaltigkeitsmanager brauchen Sie auch das Verlangen, etwas für die Gesellschaft tun zu wollen. Gesellschaftliche Verantwortung, darum dreht sich die ganze ISO 26000, Sie erinnern sich?

Als Nachhaltigkeitsmanager müssen Sie stark innovativ ausgeprägt sein, sowohl auf der technischen Seite wie auch im Prozessmanagement. Es würde mich nicht überraschen, wenn Sie genauso wie ich als Quereinsteiger zum Thema

---

[1] CSR: Corporate Social Responsibility.

© Springer-Verlag GmbH Deutschland, ein Teil von Springer Nature 2022
M. Wühle, *Nachhaltigkeit messbar machen*,
https://doi.org/10.1007/978-3-662-66047-8_10

Nachhaltigkeit gekommen sind. Es gibt zwar inzwischen sehr viele Ausbildungsmöglichkeiten und ganze Studiengänge rund um das Thema Nachhaltigkeit/CSR, dennoch sind die meisten erfolgreichen Manager im Bereich Nachhaltigkeit, die ich kenne, Quereinsteiger.

Warum? Weil ein erfolgreicher Nachhaltigkeitsmanager eine große Berufserfahrung in möglichst vielen unterschiedlichen Positionen und ein stabiles Wertesystem braucht. Dieser Mix an Kenntnissen macht es ihm viel einfacher, sich auf ein mehrdimensionales Gebilde wie die Nachhaltigkeit einzulassen. Damit möchte ich nicht sagen, dass es nach einem erfolgreichen Studium oder einer Ausbildung auf dem Gebiet nicht möglich wäre, ein erfolgreicher Nachhaltigkeitsmanager zu werden, aber es ist mangels jahrelanger Praxiserfahrung einfach schwerer.

Ein Nachhaltigkeitsmanager braucht auch eine hohe Frusttoleranz, denn es ist gerade in diesem Bereich schwierig, verkrustete Strukturen aufzubrechen und Erfolge zu erzielen. Und noch schwieriger ist es, das Erreichte zu halten gegen die immer wieder aufbrechende Diskussion über die Sinnhaftigkeit von Nachhaltigkeitsmaßnahmen, gerade wenn Vorstände wechseln und eine neue Führungskraft in die Organisation kommt.

Eines aber laß Dir gesagt sein: Sei heiter und nicht bedürftig der Dienste, die von außen kommen, auch nicht bedürftig des Friedens, welchen andere gewähren. Aufrecht mußt du stehen, ohne aufrecht gehalten zu werden. Marc Aurel, Selbstbetrachtungen

10.1 Werte leben

Was bedeuten Werte für einen Nachhaltigkeitsmanager?

Werte sind die Leitplanken, an denen wir unsere Aktivitäten festmachen. Werte spiegeln unsere Grundüberzeugung zu wichtigen Aspekten im privaten wie im beruflichen Leben wieder. Auf Unternehmen bezogen verwendet man hier oft auch den Begriff Purpose (siehe Kap. 6.1). Werte sind keine Glaubensbekenntnisse, es sind auch keine Ziele. Werte sind das Fundament, auf dem wir Nachhaltigkeitsmanager stehen und das es uns erst ermöglicht, gegen alle Widerstände die uns entgegenschlagen unsere Nachhaltigkeitsprojekte erfolgreich umzusetzen.

Werte sind keine Ziele. Unsere Werte helfen uns dabei 'am Ball zu bleiben', auch wenn wir unsere Ziele und Zwischenziele mal nicht erreichen, oder uns einfach nicht vorstellen können sie zu erreichen. Werte sind unsere Grundüberzeugung zu den wichtigen Dingen unseres Lebens. Jeder Mensch hat eine eigenes Wertesystem. Es existiert unabhängig davon, ob wir uns dessen bewusst sind oder nicht. An dieser Stelle sollten Sie sich aber die Zeit nehmen und sich Ihr eigenes Wertesystem bewusst vor Augen führen.

Machen wir doch wieder ein kleine Übung: Denken Sie einige Minuten über Ihre Werte im privaten und beruflichen Leben nach. Nehmen Sie dann ein Blatt Papier zur Hand und schreiben Sie Ihre wichtigsten Werte (5–10) nieder. Werte, keine Ziele. Ein Ziel wäre beispielsweise: Ich möchte innerhalb eines Jahres Millionär werden. Der Wert dazu wäre: Mir ist meine finanzielle Unabhängigkeit sehr wichtig. Dadurch kann ich meine Wünsche verwirklichen. Also los, setzen Sie sich an Ihren Schreibtisch und fangen Sie an Ihre Werte zu dokumentieren!

Sind Sie fertig? Wenn Sie diese Übung noch nie gemacht haben, sind Sie wahrscheinlich vom Ergebnis überrascht. So wie ich auch überrascht war. Das Ergebnis meiner wichtigsten Werte sah so aus:

- mir meiner Erfahrung des Hier und Jetzt bewusst sein, offen und neugierig auf neue Erfahrungen zu sein.
- mir selbst und anderen gegenüber, dem Leben mit seinen Siegen und Niederlagen, sowie dem Scheitern gegenüber offen und akzeptierend sein.
- unerschrocken sein; angesichts von Angst, Bedrohung oder Schwierigkeit beharrlich bleiben.
- freundlich zu mir sein, mich um meine Gesundheit und mein Wohlbefinden körperlicher und seelischer Art kümmern
- mir meiner eigenen Gedanken, Gefühle – insbesondere meiner Ängste – und Handlungen bewusst sein.
- mich selbst versorgen, meinen eigenen Weg wählen Dinge zu tun und beharrlich trotz Problemen und Schwierigkeiten entschlossen weiterzumachen.
- stetig an der Verbesserung, Stärkung und Förderung meiner Fertigkeiten und Fähigkeiten zu arbeiten.

Die Kenntnis meiner wichtigsten Werte hat meine Arbeit ganz sicher stabilisiert und das wird auch bei Ihnen der Fall sein. Nun sagen Sie vielleicht, dass Werte für jeden Menschen wichtig sind und nicht nur für Nachhaltigkeitsmanager. Da gebe ich Ihnen völlig recht. Jedoch hilft das Bewusstsein der eigenen Werte uns Nachhaltigkeitsmanagern in ganz besonderer Weise. Sie geben uns die Kraft weiter zu machen, auch wenn wie sooft bei Nachhaltigkeitsprojekten die Schwierigkeiten und Probleme während des Projektverlaufs gewaltig zunehmen.

Werte sind etwas völlig anderes als Glaubensbekenntnisse, die lediglich ein Wunschsystem zementieren. Dennoch müssen wir uns mit den Glaubensbekenntnissen unserer Mitmenschen auseinandersetzen.

10.2 Die Macht der Glaubensbekenntnisse

Wir haben bereits im Abschn. 6.7 die Besonderheiten im Kommunalen Nachhaltigkeitsmanagement und die dort oftmals sehr hinderlichen Glaubensbekenntnisse angesprochen. Versetzen wir uns noch mal in eine typische Situation für die Postulierung von Glaubensbekenntnissen.

Stellen Sie sich vor, Sie sprechen im Rahmen eines Projektmeetings über die nächsten Schritte, Ihre Pläne und Vorstellungen für das Gelingen des Projekts. Dann meldet sich jemand zu Wort und sagt, dass er nicht daran glaubt, dass Ihr Konzept funktioniert.

„Wieso", fragen Sie, „glauben Sie nicht, dass es funktioniert?" Die Antwort ist dann meist so was in die Richtung wie „... ich hab's schon von so vielen Seiten gehört, dass es nicht geht ...", „...mein Schwager ist Techniker, er sagt, das ist alles Quatsch ...", „... das sagt eigentlich jeder, dass es nicht geht, und darum glaube ich es auch nicht ...", „... wenn überhaupt, dann glaube ich das erst, wenn ich es schriftlich sehe ...", oder am schlimmsten „... ich glaub's einfach nicht, das kann einfach nicht gehen ...".

Kommt Ihnen das irgendwie bekannt vor? Ja, das dachte ich mir. Nach meinen Erfahrungen aus sehr vielen Projekten begegnet Ihnen so eine Person, meist sogar mehrere, in fast jedem Projekt. Im Gegenteil, in einem Vierteljahrhundert Projektmanagement kann ich mich auch bei intensivem Nachdenken an kein Projekt erinnern, wo dieses Phänomen nicht aufgetreten ist.

Was machen wir als Projektmanager normalerweise in so einer Situation? Wenn wir unerfahren sind, gehen wir über diese Bedenkenträger einfach hinweg. Wir berufen uns auf unseren Auftrag und verweisen die lästigen Querulanten einfach an die nächst höhere Instanz. Wir haben diese Situation schon im Kapitel zum Nachhaltigkeitsmanagement in Unternehmen angesprochen.

Es ist recht bequem, manchmal sogar erfolgreich, den Vorstand oder die Geschäftsführung einzuschalten, aber nicht optimal. Denn wenn dieser Bedenkenträger 'eins aufs Dach' bekommen hat und per Anweisung nicht mehr (direkt) nörgeln kann, wird diese Person zu 99,9 % Wahrscheinlichkeit im Untergrund gegen das Projekt arbeiten und Sie im leichtesten Fall behindern. Im schlimmsten Fall wird Sie diese Person durch Gerüchte, Mobbing, Verzögerungstaktiken, Latrinenparolen und noch hässlicherem als Person und Mensch diffamieren und verletzen.

Wenn wir schon erfahrene Manager sind und diesbezüglich bereits Lehrgeld gezahlt haben, dann werden wir es anders versuchen. Wir versuchen dann, diesen Bedenkenträger mit logischen Argumenten und Beweisen von der Richtigkeit unseres Konzeptes zu überzeugen, und wenden einen Großteil unserer Energie (und Zeit) für eine Überzeugungsarbeit auf, die völlig sinnlos ist.

Es ist deshalb sinnlos, weil wir es in diesen Fällen mit Glaubensbekenntnissen zu tun haben. Wenn ein Mensch etwas fest glaubt, es vielleicht sogar fanatisch glaubt, dann können Sie diesen Glauben nicht mit Logik durchbrechen.

Es gibt die relativ geringe Chance, dass Sie solch einen 'gläubigen' Menschen durch die praktische Anwendung überzeugen. Manchmal tritt dann sogar eine überraschende Glaubenswende ein und die betreffende Person sagt danach, dass sie eigentlich schon immer an den Erfolg geglaubt hat.

Wahrscheinlicher jedoch ist, dass diese Person an ihrem ursprünglichen Glauben festhält und Ihren praktischen Erfolg mit Ausnahmen erklärt, die diesen und nur diesen einen Erfolg ermöglicht hat.

Wenn wir als Nachhaltigkeitsmanager erfolgreich sein und dabei auch noch Spaß und Freude an unserer Arbeit haben wollen, dann brauchen wir ein spezielles Wissen und Methoden zum Umgang mit unseren Mitmenschen, denen wir im Projekt oft als Bedenkenträger begegnen, und die uns mit ihren Glaubensbekenntnissen konfrontieren.

Als Projektmanager stehen Sie diesen Glaubensbekenntnissen immer gegenüber und müssen mit ihnen klarkommen. Als Nachhaltigkeitsmanager wird dieses Phänomen noch in stärkerem Maß auftreten, denn als Nachhaltigkeitsmanager sind Sie immer in einem sehr komplexen Netzwerk unterwegs. Sie leiten ja nicht nur ein einfaches Projekt (das schon kompliziert genug sein kann), sondern bewegen sich in einem mehrdimensionalen Feld mit zahlreichen Wechselbeziehungen.

Dass Sie dabei den unterschiedlichsten Leuten auf die Zehen treten, ist nahezu unvermeidlich. Entgehen können Sie dem nicht. Die Frage ist nur, wie können Sie sich gegenüber festen Glaubensbekenntnissen am besten verhalten?

Ignorieren und nach oben delegieren funktioniert langfristig meistens nicht, das haben wir verstanden. Überzeugen können wir 'Gläubige' auch nicht, dafür ist ihr 'Glaube' viel zu stark. Wie gehen wir also mit den Glaubensbekenntnissen unserer Bedenkenträger um? Wie müssen die Rollen verteilt sein? Was brauchen wir noch für Hilfsmittel für unseren Tool-Rucksack und wo erreichen wir wirkliche Grenzen? Diese Fragen müssen wir klären, bevor wir als Nachhaltigkeitsmanager voll und ganz gerüstet sind, um erfolgreich arbeiten zu können.

10.3 Das Rollenverständnis des Nachhaltigkeitsmanagers

Zunächst müssen wir uns unsere Rolle als Nachhaltigkeitsmanager vor Augen führen und ständig an der Oberfläche unseres Bewusstseins präsent haben.

Wir sind uns der Notwendigkeit bewusst, gerade im Zeitalter des globalen Klimawandels das Konzept der Nachhaltigkeit möglichst weit zu verbreiten. Wir sind jedoch keine Missionare, die ihr Glaubensbekenntnis der Menschheit aufdrücken wollen. Wir bieten Lösungen für sehr komplexe Problemstellungen. Als Vermittler zwischen Technik, wirtschaftlichen Anforderungen und den beteiligten Menschen finden wir die richtigen Ansätze von Fall zu Fall. Wir sind jedoch keine Prediger, die andere Menschen von ihren Lösungsansätzen überzeugen wollen.

Wir sind uns bewusst, dass bei der komplexen Umgebung, in der wir agieren, unsere Auftraggeber/Kunden/Klienten die Taktgeber für Veränderungen und Neuerungen sind und nicht wir. Wir beraten und helfen Menschen, die von sich heraus schon selbst das deutliche Gefühl entwickelt haben, dass ihre Organisation verändert werden muss, wenn sie eine positive Entwicklung haben soll.

Unsere Klienten müssen auch schon eigene Vorstellungen und Ziele entwickelt haben und auch voller Überzeugung hinter ihnen stehen. Diesen Menschen können wir mit unserem Wissen, unserer Erfahrung und unseren besonderen Methoden in großem Umfang dabei helfen, ihre Ziele zu erreichen. Dabei runden wir die Ecken und Kanten der selbst entwickelten Vorstellung und Ziele ab und erarbeiten mit unseren Auftraggebern ein nachhaltiges Gebilde für ihre Organisation.

Überzeugungsarbeit zu leisten, ist nicht unsere Aufgabe, sondern die unserer Auftraggeber. Falls nötig, geben wir ihnen die notwendigen Dinge, die für ihre innere Überzeugungsarbeit notwendig sind. Unsere Position ist in der zweiten Reihe, denn wir wollen, dass unsere Auftraggeber sich mit den notwendigen Veränderungen und Neuerungen identifizieren und sie auch weiterentwickeln, wenn wir ihnen nicht mehr zu Seite stehen.

Dieses Rollenverständnis müssen wir verinnerlichen und auch von Beginn an klar unseren Klienten/Kunden/Auftraggebern kommunizieren. Unsere Kunden sind Menschen und keine Roboter. Darum müssen wir uns über einige menschliche Aspekte Gedanken machen und über spezielle Methoden, wie wir gerade im Bereich der Nachhaltigkeit mit Menschen umgehen müssen.

10.4 Vorgehensweise, wenn es „menschelt"

Wir müssen uns darüber im Klaren sein, dass die Menschen, mit denen wir es in unseren Projekten zu tun haben, auch unsere größte Ressource sind. Wenn diese Menschen durch unsere Arbeit, unser Auftreten und unser Konzept von selbst zu der Überzeugung kommen, dass Nachhaltigkeit für ihre Organisation der richtige Weg ist und sie sich damit identifizieren, dann ist das Rennen schon halb gewonnen.

Umgekehrt gilt das Gleiche. Für uns Nachhaltigkeitsmanager bedeutet das, mit möglichst allen Beteiligten zu reden, sie von Anfang an eng in das Projekt einzubinden und Ihnen vor allem aufmerksam zuzuhören. Hören Sie genau zu und merken Sie sich, wer Ihnen hauptsächlich von Problemen und Schwierigkeiten erzählt und wer sich bereits über Lösungsansätze Gedanken gemacht hat. Die Menschen der ersten Gruppe brauchen noch Zeit. Wir können und wollen sie nicht von etwas überzeugen, das ihrem Glaubensbekenntnis entgegensteht. Manche Menschen dieser Gruppe werden im weiteren Prozess von sich aus ihr Glaubensbekenntnis ändern und dann sind sie für uns bereit.

Die Menschen der zweiten Gruppe sind diejenigen, die wir gerade am Anfang suchen und finden müssen. Diese zweite Gruppe ist zahlenmäßig weitaus geringer als die erste. Es gibt sie jedoch in jeder Organisation und manchmal muss man sie nur herauslocken. Das geht zum Beispiel damit, dass die Leitung der Organisation (Vorstand, Geschäftsführer, Bürgermeister usw.) ein spezielles Projektteam bildet, das direkt an die Leitung berichtet und von dort auch seine Aufträge bekommt. Dies führt zu einem Statusgewinn für die Mitglieder des Projektteams, was wiederum weitere geeignete Projektmitglieder anlockt. Wenn Sie von Anfang an auch klarmachen, dass dieses Projektteam engagiert und lösungsorientiert arbeiten wird, dann kommen in der Regel auch nur die Personen der zweiten Gruppe in das Team.

Wichtig ist auch, dass wir nicht alles verstehen oder wissen müssen, um es anwenden zu können. Das gilt für Sie als Nachhaltigkeitsmanager genauso wie für die Menschen in ihrem Projektteam und die Leitung ihrer Organisation. Sehr viele Menschen können ein Auto fahren, eine sehr komplexe Maschine. Die meisten dieser Menschen wissen aber nicht, wie ein Verbrennungsmotor oder ein Elektroantrieb wirklich funktioniert, oder woran man erkennt, dass die Batterie noch in Ordnung ist. Das ist auch überhaupt nicht nötig. Wichtig ist, dass wir das Auto bedienen können und dass wir wissen, zu welchem Kfz-Mechaniker, zu welcher Werkstatt wir gehen müssen, wenn es mal Probleme mit unserem Auto gibt.

Dies gilt in gleichem Maß für uns als Nachhaltigkeitsmanager. Wir müssen und können auch gar nicht alle fachlichen Details in der betroffenen Organisation kennen, geschweige denn dort fachkundig sein. Wir müssen nur den Prozess, das Auto steuern können und wissen, zu wem wir bei welchem Detail gehen müssen.

Angst vor Neuem

Ein Nachhaltigkeitsmanager bringt immer Neues in die Organisation, für die er gerade tätig ist. Das liegt in der Natur der Sache, denn bis heute sind nahezu alle Organisationen streng nach betriebswirtschaftlichen Regeln aufgestellt. Das hat in der Vergangenheit gut funktioniert und nun kommen wir und behaupten, dass Organisationen sich künftig anhand von Nachhaltigkeitskriterien aufstellen müssen, wenn sie sich auch zukünftig behaupten und bestehen bleiben wollen. An dieser Stelle brauchen wir viel Verständnis für das menschliche Verhalten, das jetzt kommt.

Für die Mehrheit bedeutet Neues eine Bedrohung der täglichen Routine. Neues macht Angst. Angst vor Veränderungen generell, Angst um den Arbeitsplatz, Angst um den erlangten Status, Angst, wohin man blickt. Diese Ängste müssen wir Nachhaltigkeitsmanager sehr ernst nehmen, wenn wir erfolgreich sein wollen. Auch und gerade dann, wenn uns diese Ängste völlig unsinnig erscheinen, müssen wir uns damit auseinandersetzen und versuchen, sie abzubauen. Machen wir das nicht, dann werden diese Menschen mit all ihrer Kraft, mit all ihrer Intelligenz gegen uns arbeiten und aller Wahrscheinlichkeit nach schlussendlich unsere Arbeit völlig blockieren.

Denken Sie immer daran, Menschen sind unsere größte Ressource. Sie müssen im Mittelpunkt unserer Arbeit stehen, auch und gerade dann, wenn wir uns lieber um technische Lösungen und spannende Innovationen kümmern wollen.

Warum auch nicht, Technik ist einfach und macht Spaß. Wenn Sie wie ich einen technischen Beruf haben, dann wissen Sie das aus eigener Erfahrung. Die gefundene technische Lösung dann auch wirtschaftlich umzusetzen, ist schon erheblich schwieriger. Doch auch das bekommen erfahrene Manager wie wir früher oder später hin. Die betroffenen Menschen dazu zu bringen, die gefundene Lösung zu akzeptieren und anzunehmen, ist mit Abstand das größte Problem.

Ich hatte einmal als Teil eines sehr professionellen Projektteams den Auftrag, den Fuhrpark eines Unternehmens zu optimieren und fit für die Zukunft zu machen. Hinter uns stand geschlossen die Geschäftsführung und damit wäre Widerstand eigentlich zwecklos, sollte man meinen. Wir haben nach eingehender Analyse ein Fuhrparkmanagement entwickelt, das einfach zu bedienen und wirtschaftlich hoch effizient war. Doch als wir das System den Verantwortlichen des Fuhrparks übergaben, war mir mit einem Schlag klar, dass unsere Arbeit der letzten Monate völlig erfolglos bleiben würde.

Ich erinnere mich noch genau an eine recht bizarre Situation: In einem Besprechungsraum saßen sich die Fuhrparkmanager und wir vom Projektteam gegenüber. Die Körperhaltung unserer Gegenüber signalisierte maximale Abwehrhaltung – verschränkte Arme, der Körper seitlich weggedreht, vermiedener Augenkontakt, maximal ein bemühtes Lächeln, das die Abneigung und die Abwehr nicht wirklich verbergen konnte.

Haben Sie so etwas schon erlebt? Ja, dann können Sie sich auch vorstellen, was danach kam. Die Fuhrparkmanager nahmen die Arbeitsergebnisse und die Systemdokumentation entgegen, denn das konnten sie durch den Entscheid der Geschäftsführung nicht verweigern.

Sie bedankten sich mühsam bei uns für die geleistete Arbeit und verließen nach einem flüchtigen Handschlag den Besprechungsraum. Keine zwei Monate später, als das Projekt beendet war und unser Projektteam auch kein Handlungsmandat mehr hatte, warfen Sie das neue System in den Abfalleimer und kehrten zu dem alten und ineffizienten System zurück.

Mich hat das damals wahnsinnig geärgert. Die ganze Arbeit war umsonst! Heute verstehe ich die Mechanismen, die zu dieser Verweigerungshaltung geführt haben. Wir haben uns auf unser Mandat verlassen und die Sorgen und Ängste der betroffenen Menschen nicht beachtet bzw. gering geschätzt.

Und das möchte ich Ihnen an dieser Stelle mitgeben. Haben Sie Verständnis für menschliches Verhalten! Versetzen Sie sich in die Lage der betroffenen Menschen. Gehen Sie gedanklich in eine Zeit zurück, wo Sie vielleicht einmal Ähnliches erlebt haben. Versuchen Sie sich so eine Situation vorzustellen, wo Ihnen etwas Neues aufgedrückt wird und Sie das nicht wollen und auch Angst davor haben.

Fragen Sie sich: Was muss ich in dieser Situation tun, um die Beteiligten zur Mitarbeit und Akzeptanz des Neuen zu bewegen?

10.5 NLP und die Macht der Fragen

Eine ganz hervorragende Methode, die Macht der Glaubensbekenntnisse zu überwinden, die Menschen um Sie herum besser zu verstehen und auf ihre Sorgen, Ängste und Wünsche eingehen zu können, bietet die neurolinguistische Programmierung (NLP). Es würde ganz sicher den Rahmen dieses Buches und auch meine eigenen Kenntnisse übersteigen, dieses Thema hier umfassender vorstellen zu wollen. Ein paar Sätze zu NLP seien dennoch erlaubt an dieser Stelle.

Ich selbst hatte vor einigen Jahren das erste Mal Kontakt mit NLP, als ich beruflich in einer extrem schwierigen und persönlich bedrohlichen Situation war. Ich bekam damals die Empfehlung, die Hilfe eines NLP-Coaches in Anspruch zu nehmen, was ich auch sofort gemacht habe, denn es war der Strohhalm, nach dem ich verzweifelt gesucht hatte. Dieser NLP-Coach hat mir in dieser Phase viel helfen können, insbesondere damit, mir die richtigen Fragen zu stellen, die dann schlussendlich zur Lösung meines fast schon existenziellen Problems geführt haben.

Ein solches Coaching kann ich auf jeden Fall empfehlen. Daneben und ergänzend gibt es sehr viel gute Fachliteratur über die neurolinguistische Programmierung, auf die ich Sie verweisen möchte. Ich habe in der Phase viel zum Thema gelesen und im Selbststudium mir weiteres wertvolles Wissen angeeignet, von dem ich hier in Kürze das weitergeben möchte, das Ihnen als Nachhaltigkeitsmanager im Umgang mit Ihren Mitmenschen sehr helfen kann.

Bevor ich damit beginne, möchte ich Ihnen jedoch zwei Bücher von Anthony Robbins empfehlen, die für mich der eigentliche Schlüssel zum Erfolg waren: „Grenzenlose Energie – Das PowerPrinzip" und „Das Robbins PowerPrinzip". Ich kenne Anthony leider nicht persönlich und bekomme auch (leider) keine Prämien dafür, dass ich seine Werke empfehle. Da seine Erkenntnisse und seine Auslegung der NLP-Methoden für mich jedoch so wertvoll waren, möchte ich Ihnen das Suchen nach einem geeigneten Zugang zum Thema NLP mit diesen Büchern erleichtern.

Doch zunächst etwas zum Begriff der neuro-linguistischen Programmierung, so wie ich es verstanden habe. NLP ist eine wissenschaftliche Methode, mit der wir unser Verhalten und das Verhalten anderer Menschen verändern, sprich umprogrammieren können. Erarbeitet wurde es von den US-Wissenschaftlern Richard Bandler und John Grinder unter Zuhilfenahme der modernsten Erkenntnisse über die Funktions- und Arbeitsweise des menschlichen Gehirns. Die beiden Wissenschaftler haben die Verhaltensweise sehr vieler erfolgreicher Menschen analysiert und daraus das NLP-Prinzip entwickelt.[1]

Diese Umprogrammierung, die wir bei uns und zum Teil auch bei anderen Menschen vornehmen können, hat nichts mit Magie oder gar mit Glauben zu tun. Das ist das Erstaunliche dabei. Sie müssen nicht daran glauben, damit es funktioniert und Sie brauchen auch kein Glaubensbekenntnis entwickeln. Wenn Sie die neuronalen Straßen Ihres erlernten Verhaltens umgestalten, dann wird Ihr Gehirn automatisch das neue Verhalten annehmen. Es funktioniert ganz sicher und ich empfehle Ihnen, sich darauf einzulassen.

Lassen Sie uns nun mit dem ersten NLP-Thema anfangen, auf das ich hier eingehen möchte. Es sind die Fragen.

Die Macht der Fragen

Fragen haben eine unglaubliche Macht und Wirkung auf unser Gehirn. Wenn Sie sich bewusst eine Frage stellen, dann kann Ihr Gehirn gar nicht anders, als Antworten zu produzieren. Antworten, die noch dazu subjektiv wahr sind, denn Ihr Gehirn kann Sie nicht anlügen. Das sind grundlegende Funktionen, die wir nicht abstellen können und auch nicht wollen, sondern sie für uns nutzen möchten.

Nehmen Sie sich nun etwas Zeit, setzen Sie sich an Ihren Lieblingsort und stellen Sie sich Fragen zu Ihren drängendsten beruflichen Problemen nach dem Muster:

- Was muss ich tun, um mein Projekt erfolgreich zu gestalten?
- Welche Hilfsmittel aus meinem Tool-Rucksack kann ich verwenden?
- Welche Unterstützung von außerhalb kann ich bekommen?
- Wie kann ich die betroffenen Menschen dazu bringen, mich zu unterstützen?
- Was sind zurzeit die größten Hindernisse und wie könnte ich sie überwinden?
- Welche Worte muss ich benutzen, um auch emotional verstanden zu werden?
- Was ist der Hauptgrund, warum ich bisher nicht erfolgreich war?

Schreiben Sie Ihre Fragen auf ein Stück Papier. Auf Papier und nicht am Computer, denn das ist viel wirksamer! Das Aufschreiben ist bereits eine NLP-Programmierung, die ganz sicher funktioniert. Mit dem Schreiben visualisieren Sie Ihre Fragen, durch das Schreiben mit der Hand bekommen Sie ein intensives Gefühl und Bezug zu Ihren Fragen. Lassen Sie nach jeder Frage zwei bis drei Zeilen frei. Nehmen Sie dann das Blatt Papier in die Hand und lesen Sie sich Ihre Fragen erneut durch. Anschließen lesen Sie sich Ihre Fragen noch mal selbst laut vor.

Was für ein Typ sind Sie?

Und jetzt nehmen Sie sich einige Minuten Zeit und überlegen Sie, was Sie bei Ihrer Übung am meisten angesprochen hat.

War es die Tatsache, dass Sie Ihre Fragen aufgeschrieben, quasi von Ihrem Gehirn auf ein Stück Papier übertragen haben, und sie diese nun optisch klar erkennen können?

War es das Gefühl in den Fingern, das Sie hatten, als Sie die Fragen mit einem Stift niedergeschrieben haben, und das Gefühl, das Blatt mit Ihren Fragen in der Hand zu halten?

Oder hat Sie im wahrsten Sinne des Wortes das laute Lesen Ihrer Fragen angesprochen?

Je nachdem sind Sie entweder ein visueller, ein kinästhetischer oder ein auditiver Typ. Mischformen sind möglich und häufig. Ich zum Beispiel bin klar ein visueller Typ mit kinästhetischen Facetten. Die Fragen auf dem Papier zu sehen und das Blatt mit den Fragen mit meinen Fingern zu halten, ist für mich die intensivste Form, mich mit meinen Fragen zu beschäftigen. Und glauben Sie mir, diese Übung mache ich regelmäßig mit zunehmendem Erfolg.

Haben Sie schon herausgefunden, was für ein Typ Sie sind?

Nehmen Sie sich nun vor, in Zukunft bewusst die Form zu verwenden, auf die Sie am stärksten reagieren. Und das nicht nur bei unserer Fragenübung, sondern ab jetzt generell bei Ihrer Arbeit!

Zurück zu unserer Übung. Lesen Sie Ihre Fragen erneut durch, leise oder laut, je nach Typ, und nehmen Sie das Blatt dabei in die Hand, wenn Sie kinästhetische Anteile haben. Merken Sie was? Auf Ihre Fragen produziert Ihr Gehirn Antworten. Sie können das gar nicht verhindern!

Schreiben Sie diese Antworten sofort unter Ihre Fragen. Das ist äußerst wichtig, denn in so einem Ein-Personen-Brainstorming produziert Ihr Gehirn zwar Antworten, jedoch sind diese oft recht flüchtig. Sie werden beim ersten Mal auch nicht unbedingt für jede Frage eine

Antwort bekommen mit der Sie etwas anfangen können, aber das macht überhaupt nichts. Dies ist ein Prozess, den Sie wie ich regelmäßig, mindestens wöchentlich, wiederholen sollten. Dann wird sich Ihr Blatt Papier mit Antworten füllen und der Platz wird bald schon nicht mehr ausreichen.

Auch Ihre Fragen werden sich durch diesen Prozess verändern, denn die Antworten auf Ihre Fragen führen zu weiteren Fragen. Ich vergleiche diesen Prozess gern mit dem Labyrinth des Minotaurus (siehe Abb. 10.1). Jede Antwort bringt uns weiter in die Richtung des Ausgangs, der Lösung unserer Probleme.

NLP = nachhaltige Umprogrammierung

Ich versichere Ihnen, wenn Sie diese Übung regelmäßig durchführen, programmieren Sie Ihr Gehirn in einer Art und Weise um, dass es nach einer gewissen Zeit immer wieder Antworten ausspuckt, auch wenn Sie gerade nicht bewusst an Ihre Problemfragen denken.

Abb. 10.1   Fragen führen zur Lösung

Tipp

Verstärken Sie die Wirkung dadurch, dass Sie jeden Morgen einige Minuten vor dem Aufstehen Ihre Fragen memorieren. In diesem entspannten Zustand, nicht mehr schlafend und dennoch noch nicht ganz wach produziert Ihr Gehirn ganz sicher den einen oder anderen Geistesblitz. Probieren Sie es aus, es funktioniert verblüffend zuverlässig!

Mit Fragen wenden wir also ein elementares NLP-Programm an, das mit der Zeit völlig losgelöst von unserem Bewusstsein abläuft. Es ist dann quasi in der Autostart-Gruppe unseres Gehirns fest verankert.

Mit Fragen können wir jedoch auch unsere Mitmenschen beeinflussen. Erinnern Sie sich daran, was wir über die vielen Bedenkenträger und Inhaber von Glaubensbekenntnissen gesagt haben? Wir können und wir wollen sie nicht von irgendetwas überzeugen, geschweige denn vom Sinn der Nachhaltigkeit. Diesen Fehler habe ich früher oft begangen und bin damit immer gescheitert. Das sollten wir also vermeiden.

Wir können diesen Menschen jedoch Fragen stellen, nach dem Muster:

„Was meinen Sie, wie könnten wir dieses Problem lösen?"

„Was wäre Ihrer Meinung nach die bessere Lösung?"

„Was glauben Sie, ist die Ursache, warum sich andere Organisationen mit dem Thema Nachhaltigkeit beschäftigen?"

„Was denken Sie, wie können wir unsere Energiekosten reduzieren?"

„Haben Sie eine Idee, wie wir unsere Belegschaft mehr motivieren können im Zusammenhang mit Umwelt- und Ressourcenschutz?"

„Sehen Sie Alternativen zum bisherigen Projektansatz, die uns zum gleichen Ziel führen?"

Ahnen Sie, was durch diese und ähnliche Fragen passiert?

Genau, auch die Gehirne dieser Bedenkenträger können gar nicht anders als Antworten zu produzieren. Das ist der Witz dabei.

Wenn sich diese Menschen selbst gut unter Kontrolle haben, dann werden Sie Ihnen die Antworten vielleicht nicht gleich geben, aber das Programm, das Sie mit diesen Fragen gestartet haben, kann so einfach auch nicht mehr getoppt werden. Nicht, wenn Sie immer wieder nachfragen, dann läuft der Prozess ähnlich automatisch wie bei Ihnen selbst. Damit erhöhen Sie die Wahrscheinlichkeit, dass mehr Menschen konstruktiv mit Ihnen und Ihrem Projekt zusammenarbeiten ganz erheblich.

Reframing

Ein weiteres, sehr mächtiges NLP-Tool ist das sogenannte Reframing, die Umdeutung von Begriffen in unserer Kommunikation.

Wir alle kennen das Beispiel mit dem halb vollen oder halb leeren Glas. Egal welchen der beiden Begriffe ich verwende, ich spreche von exakt der gleichen Sache. Jedoch haben sie völlig verschiedene Bedeutungen für uns. Ein halb volles Glas ist für uns meist positiv belegt, ein halb leeres Glas dagegen negativ. „Schade, nicht mehr viel übrig." Wenn wir in unserer Kommunikation bewusst darauf achten, das Glas generell als halb voll zu bezeichnen, geben wir negativ besetzten Themen einen anderen, einen positiven Rahmen (frame).

Verstärken können wir diese Umdeutung negativ besetzter Begriffe mit dem Einsatz eines transformatorischen Vokabulars, einem weiteren Mechanismus in der neurolinguistischen Programmierung.

Mit dem transformatorischen Vokabular wird der reframte Begriff emotional im Gehirn verankert. Um bei unserem halb vollen Glas zu bleiben, könnte daraus dann so etwas werden:

Das Glas ist ja noch halb voll, das ist super!

Am Anfang kommt es Ihnen wahrscheinlich komisch vor, solch intensive Worte zu verwenden und vielleicht halten Sie es auch für übertrieben. Das ist jedoch genau der Witz an der Sache. Diese reframten, verstärkten Begriffe lösen im Gehirn des Empfängers genau die Emotion aus, die wir hervorrufen wollen:

Positives und lösungsorientiertes Denken.
Da fangen sogar die Bedenkenträger an zu wackeln.

Nehmen Sie sich ein paar Minuten Zeit und überlegen Sie, welche Begriffe und Wörter Sie normalerweise verwenden, wenn Sie über Probleme und Fortschritte in Ihrem beruflichen Alltag kommunizieren. Geben Sie diesen Wörtern und Begriffen einen neuen, positiven Rahmen und verstärken Sie diesen dann noch, um die Transformation des Begriffs wirksam einzuprogrammieren:

Aus „Ich bin mit dem Projektfortschritt zufrieden" wird: „Das bisher schon Erreichte ist absolute Spitze".

Statt „Ich freue mich über unsere Erfolge" verwenden Sie doch: „Ich bin total begeistert über die gemeinsam erreichten Erfolge".

Sagen Sie nicht: „Dieses Problem ist frustrierend", sondern: „Diese Herausforderung finde ich faszinierend".

Aus „Ich bin unsicher, ob wir dieses Ziel erreichen können" wird: „Das ist noch nicht ganz in trockenen Tüchern".

Statt „Ich mache mir Sorgen, dass ..." Wird: „Daran müssen wir noch weiter arbeiten", oder: „Das muss ich noch genauer hinterfragen".

Wenn Sie jemand fragt, wie es Ihnen mit Ihrem (Nachhaltigkeits-)Projekt geht, was antworten Sie dann? Meistens doch so was wie „geht schon", „ganz gut", „es läuft", oder „so la, la", richtig?

Verwenden Sie doch stattdessen wesentlich intensivere Antworten auf die Frage wie es geht, so wie „es läuft umwerfend", „alles ist erstklassig", „bestens", „es geht vorwärts/nach oben", „besser geht's nicht".

Versuchen Sie es. Verwenden Sie Superlative. Es passieren dabei zwei Effekte. Sie programmieren sich selbst auf Erfolg und motivieren sich zusätzlich. Ihre Projektbeteiligten werden gleichfalls positiv gestimmt und Ihre Bedenkenträger sind erst einmal baff und halten zumindest für eine Weile den Mund.

> **Tipp**
>
> Achten Sie darauf, dass Sie das Wort **aber** so wenig wie möglich, am besten überhaupt nicht verwenden. Wenn Sie auf eine Aussage eines anderen antworten: **„Ja, aber"**, dann senden Sie dem anderen: **„Nein, Du hast unrecht"**. Dieses Signal kommt unwiderruflich so bei uns an und bewirkt Abwehrverhalten. Verwenden Sie lieber Verbindungen wie **und**. Aus **„Ja, aber da ist noch ..."** wird dann **„Ja und lassen Sie uns darüber hinaus noch an ... denken"**

Reframing und transformatorisches Vokabular sind sehr mächtige Hilfsmittel für unseren Erfolg als Nachhaltigkeitsmanager. Eines meiner schon am Anfang des Buchs erwähnte Vorbilder in dieser Beziehung, Steve Jobs, hat diese Art der Kommunikation meiner Meinung nach meisterschaftlich eingesetzt.

Sehen Sie sich doch mal einige Videos von Steve an, in denen er seine neuen Produkte wie iPad oder iPhone vorgestellt hat. Aus einem an sich schon tollen Produkt macht er mit seinen Worten etwas Außergewöhnliches und kann die besonderen Eigenschaften der Geräte sehr begeisternd und anschaulich darstellen.

Hören Sie zu, welche Worte er verwendet hat:

incredible experience/unglaubliche Erfahrung
unbelievable/unglaublich
truly remarkable/wirklich bemerkenswert
extraordinary/außergewöhnlich
I was thrilled/ich war begeistert
pretty, nice/sehr schön (das Design)
awesome/fantastisch
pretty amazing/ziemlich erstaunlich
far better at some key things/weitaus besser als manch anderes

Damit hat Steve den Erfolg seiner Produkte noch einmal verstärkt und das Gleiche können wir in unserer Arbeit als Nachhaltigkeitsmanager ebenso machen. Ich arbeite nun seit einigen Jahren nach dieser Methode und mit zunehmender Übung kommt auch zunehmend der Erfolg. Ich merke das sehr genau durch das Feedback, das ich inzwischen auf meine Vorträge und Präsentationen bekomme, mit denen ich oft richtige Begeisterung wecken kann.

Der bewusste Einsatz von positiven und konstruktiven Glaubenssätzen in Form von Metaphern kann zur Änderung der geistigen Einstellung verwendet werden. Der Änderung der eigenen Einstellung und der unserer Mitmenschen, insbesondere der lieben Bedenkenträger. Ich setze beispielsweise für mich und andere sehr erfolgreich ein:

Es gibt keinen Misserfolg, nur Resultate.

Diesen und die folgenden Glaubenssätze habe ich für mich formuliert und memoriere sie fast täglich:

Glaubenssätze, die zum Erfolg führen

- Alles geschieht aus einem bestimmten Grund und zu einem bestimmten Zweck und kann von Nutzen für mich sein.
- Es gibt keinen Misserfolg. Es gibt nur Resultate.
- Ich übernehme Verantwortung, was immer geschieht.
- Ich muss nicht alles verstehen, um es verwenden zu können.
- Menschen sind meine größte Ressource.
- Arbeit ist Spiel.
- Es gibt keinen bleibenden Erfolg ohne Hingabe.

Tipp

Formulieren Sie Ihre eigenen Glaubenssätze. Nicht unbedingt die, denen Sie seit vielen Jahren folgen, sondern konstruktive Glaubenssätze, die den Ereignissen um Sie herum eine andere, positive Bedeutung geben und Sie auf Ihrem Weg voranbringen.

Diese Glaubenssätze geben jedem Ereignis eine positive Eigenschaft, die sonst oft negativ und frustrierend gesehen wird. Es ist eine Form des Reframings und der sprachlichen Transformation, die für mich inzwischen gelebtes Normalverhalten ist (das bedeutet nicht, dass ich nicht trotzdem auch mal niedergeschlagen bin, wenn nicht alles so funktioniert, wie ich es mir vorstelle).

Dahinter steckt für mich vor allem der Ansatz, ständig neue Methoden auszuprobieren, um zum gewünschten Erfolg zu kommen, und dabei das eigene Verhalten zu erkennen und zu optimieren. Wenn Sie ein Resultat auf eine Aktion erhalten haben, beachten Sie sehr sorgsam Ihr Verhalten, das zu diesem Resultat geführt hat.

Hat Sie Ihr Verhalten näher an Ihr Ziel gebracht? Dann verwenden Sie dieses Verhalten wieder.

Hat Sie Ihr Verhalten weiter von Ihrem Ziel entfernt? Dann verändern Sie Ihr Verhalten bei der nächsten Gelegenheit.

Nicht meine Ziele ändern sich, sondern meine Verhaltensweisen und die Methoden, die ich anwende, um an mein Ziel zu kommen. Jedes aufmerksam analysierte Resultat auf meine Aktionen bringt mich näher in Richtung Ziel.

Die neurolinguistische Programmierung ist ganz sicher ein sehr mächtiges Hilfsmittel, das gewiss nicht nur Nachhaltigkeitsmanager einsetzen können, um noch erfolgreicher zu werden.

Dennoch ist NLP auch kein Allheilmittel und ich kenne nun wirklich genügend 'gläubige' Bedenkenträger und Beratungsresistente, bei denen auch die ausgefeiltesten psychologischen Methoden und Tricks nicht funktionieren. Es gibt jedoch noch eine Reihe weiterer Hilfsmittel, die uns unterstützen können; auf einige davon möchte ich nachfolgend eingehen.

10.6 Investition in Networking

Networking ist eine unverzichtbare Hilfe und Unterstützung. Es gibt für fast jedes Problem bereits eine Lösung und der Trick dabei ist, schnell und ohne große

Kosten an diese Lösung heranzukommen. Netzwerke sind dabei sehr hilfreich. In einem Netzwerk gibt es ein ständiges Geben und Nehmen und wer meint, dort nur nehmen zu können, der wird sehr schnell isoliert sein. Gerade am Anfang bedeutet Networking, verstärkt die Geben-Seite zu bedienen, dann jedoch profitieren Sie auch davon.

Bis Sie von Ihrem Netzwerk wirklich profitieren können braucht es seine Zeit. Ich vergleiche Networking mit einem Sparkonto. Man muss erst eine Weile einzahlen und auch eine gewisse Größe erreicht haben, bevor ein nennenswerter Gewinn sichtbar wird (damals, in der Zeit, als es noch Zinsen auf das Ersparte gab). Ich möchte nicht behaupten, dass es wie bei mir 10 Jahre braucht, bis aus dem Netzwerk wirklich Gewinn geschöpft werden kann. Das kann bestimmt auch schneller gehen, aber etwas Zeit muss schon investiert werden.

Qualität ist gefragt

Ich kenne Menschen, die über 10.000 Kontakte in einem Netzwerk haben. Sind diese Leute deshalb Millionäre geworden, oder auch nur halbwegs erfolgreich? Bisher habe ich noch nie jemanden getroffen, oder auch nur gehört, der mit dieser Art von Networking wirklich erfolgreich ist. Die Leute mit den 10.000 Kontakten sind nicht die magischen Influencer, sondern sind die Personen, von den wir wöchentlich völlig nervige Werbe-Mails bekommen.

Es empfiehlt sich, das eigene Netzwerk bewusst und gezielt aufzubauen. Ich nehme nur Kontaktanfragen von Personen an, mit denen ich eine inhaltliche Schnittstelle habe. Genau so verfahre ich mit meinen eigenen Kontaktanfragen. Es dauert dann wie gesagt eine gewisse Zeit, bis echter Nutzen aus dem Netzwerk gezogen werden kann, aber es lohnt sich.

Damit sich Networking schlußendlich auszahlt, ist es
neben dem Input, der gebracht werden muss auch notwendig, das eigene Profil auf der Netzwerk-Plattform ein-
drucksvoll zu gestalten. Sie finden im Internet genügend
gute Anleitungen, wie dies am besten geht. Ich habe
vielleicht auch deshalb 10 Jahre gebraucht, bis ich von
meinem Netzwerk wirklich profitiert habe, weil ich diesen
Teil in der ersten Jahren stark vernachlässigt habe. Deshalb
empfehle ich – auch wenn die Zeit immer knapp ist – in
die Ausgestaltung des Netzwerk-Profils genügend Zeit und
guten Inhalt zu investieren.

Tipp

Bei den meisten Netzwerken können Sie zunächst mit
einem kostenlosen Zugang beginnen. Wenn es Ihnen
zusagt, dann können Sie auf die Premium-Version umzu-
steigen. Dennoch sollten Sie hier ausführlich testen bevor
Sie diesen Schritt machen, denn nicht immer lohnen sich
die Premium-Funktionen. Oftmals bekommen Sie für die
Premium-Version auch einen Gratismonat.

10.7 Innovationen werden gefördert

Ein weiteres Hilfsmittel sind innovative Techniken, Ver-
fahren und Prozesse. Innovationen sind Freunde jeden
Nachhaltigkeitsmanagers, denn Sie bringen frischen
Wind in eingefahrene Routinen und erlauben oft ganze
Quantensprünge in ihrem Projekt.

Wo findet man diese Innovationen? Sehr oft über
unsere gezielt aufgebauten Netzwerke. In Netzwerk-
Gruppen – die wir gezielt ausgesucht haben – werden
Informationen über innovative Technologien oft schon
diskutiert und vorgestellt, bevor sie über die üblichen
Medienkanäle verbreitet werden.

Eine andere gute Möglichkeiten ist für mich der Besuch von Fachmessen. Mit ein wenig Vorbereitung, sprich dem Durchblättern des Messekatalogs und dem Notieren von Ausstellern, von denen ich weiß, dass sie bereits in der Vergangenheit innovativ waren, mache ich mir einen groben Routenplan und gehe dann los. Ich frage gerne auch direkt: „Haben Sie was Neues, Innovatives?". Da kommen dann oft ganz erstaunliche Antworten, die mich in meinen Konzepten und Plänen oft entscheidend weiterbringen.

> **Tip**
> Wenn Sie einen Blog betreiben, können Sie sich bei vielen Messen als Pressevertreter akkreditieren lassen. Der Vorteil ist – neben einem kostenlosen Zugang zur Messe – dass Sie im Pressezentrum der Messe recht einfach Informationen zu Innovationen aus erster Hand bekommen können.

Innovative Technologien, insbesondere im Kontext der Digitalisierung und des Energiewandels, werden nicht nur in den Mitgliedsstaaten der Europäischen Union finanziell zum Teil stark gefördert. Wir wissen ja, wenn wir in der ökonomischen Dimension Anreize schaffen können, dann laufen unsere Projekte um Vieles leichter und Bedenkenträger ändern sogar ihr Glaubensbekenntnis. Daher sollten wir wann immer möglich und sinnvoll, die vorhandenen Förderprogramme auch nutzen.

Es gibt zahlreiche Förderprogramme zu innovativen Technologien, gerade auch im Bereich Erneuerbare Energien und Alternative Treibstoffe. Also Themenbereichen, in denen wir uns als Nachhaltigkeitsmanager oft bewegen. Oft ist der Zugang zu diesen Förderprogrammen einfacher, als es den Anschein hat. Lassen Sie sich von den (absichtlich?) aufgestellten bürokratischen Hürden nicht abschrecken und stellen Sie den entsprechenden Antrag. Manchmal ist auch die Registrierung und Nachweis der Expertise als Experte in dem jeweiligen Bereich erforderlich. Wenn das Förderprogramm in Ihr Themenfeld passt, dass sollten Sie diesen Schritt gehen. Es wird Ihrem Nachhaltigkeits-Projekt den vielleicht entscheidenden Impuls geben.

10.8 Projektmanagement

Ein professionelles Projektmanagement ist natürlich immer eines der wichtigsten Hilfsmittel für einen erfolgreichen Projektablauf. Dieses Thema ist recht umfangreich, sodass ich im Wesentlichen auf die zahlreiche Fachliteratur verweisen muss. Einige wenige Dinge zum Projektmanagement möchte ich Ihnen jedoch auch hier nahelegen.

Definieren Sie gemeinsam mit Ihrem Auftraggeber das Projektziel so präzise und unmissverständlich wie nur möglich. Jedes Projekt hat ein qualitatives und/oder quantifizierbares Ziel. Jedes Projekt hat ein definiertes Budget und jedes Projekt hat einen zeitlichen Rahmen mit festem Anfangs- und Endtermin. Das Projektziel in dieser Weise zu beschreiben, ist auch für uns Nachhaltigkeitsmanager die erste Aufgabe, in die wir genügend Zeit investieren und das Ergebnis immer schriftlich niederlegen sollten.

Ebenso unverzichtbar ist eine Meilensteinplanung, die wir sowohl für die Planung der einzelnen Projektphasen nutzen, als auch zur Ergebniskontrolle. Es gibt hierzu haufenweise Software, gute und weniger gute, da müssen Sie nach eigenem Geschmack auswählen. Es gibt teure und kostenlose Project-Programme[2], die alle sehr umfangreich und mächtig sind und mit denen Sie auch größte Projekte mit allen Ressourcen steuern können. Ich möchte Sie an dieser Stelle allerdings auch vor dem Arbeitsaufwand warnen, der mit solchen Programmen verbunden ist. In wirklich großen Projekten wird die Pflege dieser Project-Programme inklusive Personal bereitgestellt. In den allermeisten Fällen können Sie meiner Meinung nach auch mit einfachen Tabellen arbeiten. Ich habe in den ganzen Jahren, seit denen ich als Projektmanager arbeite, gerade zweimal mit einem dieser Project-Programm gearbeitet und hatte jedes Mal einen Kollegen, der nichts anderes getan hat, als diese Daten zu pflegen und Auswertungen zu fahren.

Entscheidungskompetenz einfordern

Für Sie als Projektmanager ist neben dem Projektziel und der Meilensteinplanung die einvernehmliche Festlegung Ihrer Kompetenzen und Entscheidungsgrenzen unverzichtbar. Viele Projekte geraten in Schwierigkeiten oder scheitern gar, weil diese Thematik nicht vor dem eigentlichen Projektstart geklärt ist. Definieren Sie für sich die Entscheidungskompetenzen, die für Sie unverzichtbar sind, und machen Sie Ihrem Auftraggeber klar, dass Sie nur Verantwortung übernehmen können, wenn Sie auch über die Möglichkeiten verfügen, verantwortlich handeln zu können. Wenn man versucht, Sie nur als fachlich zuständig zu etablieren, jedoch nicht als disziplinarisch und kostenmäßig, dann lassen Sie das Ganze am besten bleiben, wenn es Ihnen möglich ist.

10.9 Outfit und Kommunikationsstil

Zuletzt noch einige Worte über unser Auftreten und unsere persönliche Wirkung. Kleider machen Leute, das ist ein alter Spruch, der auch heute noch Gültigkeit hat. Ein Steve Jobs konnte es sich leisten, nur in Jeans, weißen Turnschuhen und einem schwarzen Pullover seine einzigartigen Events zu zelebrieren. Dieses Outfit entsprach seinen minimalistischen Vorstellungen und da er diese auch lebte, bereits einen großen Bekanntheitsgrad und enormen beruflichen Erfolg hatte, kam er mit dieser Kleidung auch authentisch bei seinen Kunden an.

Kleider machen Leute

Wie wir bereits am Anfang des Buchs festgestellt haben, sind wir leider kein Steve Jobs und müssen daher gewisse Regeln einhalten, wenn wir erfolgreich sein wollen. Dazu gehört nun mal eine gepflegte Erscheinung, denn wir werden von den Menschen, mit denen wir zu tun haben, unterbewusst immer danach bewertet, eingeordnet und abgespeichert. Sie können es quasi als NLP-Methode sehen, mit der Sie ihre Mitmenschen für sich einnehmen können. Ich meine damit nicht, dass Sie immer mit Anzug und Krawatte oder Kostüm auftreten müssen. Dies ist manchmal notwendig, insbesondere bei öffentlichen Auftritten und bei Terminen auf Vorstandsebene. Zu solchen Terminen in Alltagskleidung zu kommen, geht überhaupt nicht, denn man wird Sie nicht ernst nehmen. Wenn Sie sich nicht sicher sind welche Kleidung gerne gesehen wird, dann fragen Sie den Organisator der Veranstaltung/des Meetings ganz offen nach dem Dresscode. Was das dann im Einzelnen bedeutet finden Sie schnell im Internet.

Wir reden mit Händen und Füßen

Wenn Sie dann (angemessen gekleidet) mit Ihrem Anliegen beginnen, achten Sie auf Ihre Sprache. Bei mir ist es zum Beispiel so, dass ich leicht zum Nuscheln neige, Worte verschlucke und auch gerne zu leise spreche. **Konzentrieren Sie sich auf eine klare und deutliche Aussprache.** Sprechen sie bewusst lauter, als Sie es normalerweise tun würden. Das kostet am Anfang etwas Überwindung, ist aber reine Übungssache. Suchen Sie

Blickkontakt und unterstreichen Sie Ihre Worte mit Gesten. Damit meine ich nicht hektische oder fahrige Bewegungen der Arme, sondern das Unterstreichen und Verstärken Ihrer Aussagen mit ruhigen und maßvollen Gesten. Bleiben Sie nicht an einer Stelle stehen, sondern bewegen Sie sich im Raum. **Die richtige Körpersprache überzeugt mehr als 1000 Worte!**

> **Tip**
>
> Üben Sie Ihr Auftreten. Sehen Sie sich Videos Ihrer Vorbilder an und achten Sie auf die Gestik und die Bewegungen. Machen Sie dann ein Video Ihrer eigenen Präsentation und vergleichen Sie Ihr Auftreten mit Ihrem Vorbild. Ändern Sie solange Ihren Stil bis sie zufrieden sind.

Verschränken oder falten Sie nicht Ihre Hände, denn das sieht entweder nach Unsicherheit, Ablehnung oder Arroganz aus. Wenn Ihnen das vor allem am Anfang zu offen, zu unsicher ist, dann nehmen Sie etwas in die Hand. Zum Beispiel einen Präsenter, eine Laser-Maus oder Ihre Manuskriptkärtchen. Diese Gegenstände sind so was wie ein Anker für das Lampenfieber, an denen Sie sich festhalten können. Wechseln Sie diesen Gegenstand mal von der linken zur rechten Hand und verwenden Sie ihn bewusst zum Unterstreichen Ihrer Argumente. Sie werden sehen, ein tolles Werkzeug, fast schon ein Taktstock für Ihr Auditorium!

Wir müssen uns bewusst sein, dass unser Auftreten, egal in welcher Form, von unseren Mitmenschen registriert und automatisch bewertet wird. Davon sollten wir uns nicht verunsichern lassen, den Effekt jedoch gezielt für uns nutzen (NLP).

10.10   Selbstverwirklichung benötigt Disziplin

Nachdem wir nun die essenziellen Grundlagen, besprochen haben, die für einen erfolgreichen Nachhaltigkeitsmanager notwendig sind, möchte ich mit Ihnen noch über den Lohn sprechen, den Sie erhalten, wenn Sie sich auf eine Tätigkeit im Bereich des Nachhaltigkeitsmanagements einlassen. Und wir müssen auch einige Worte über guten und effizienten Arbeitsstil verlieren.

Natürlich wollen und werden Sie als Nachhaltigkeitsmanager auch Geld verdienen und je nach Wunsch auch einen gewissen Wohlstand erreichen. Dazu komme ich etwas später. Zunächst einmal geht es mir um den ideellen Lohn, den Sie erhalten, wenn Sie gewisse Verhaltensweisen beachten und sich auf essenzielle Fähigkeiten, die Sie in sich tragen, immer aufs Neue bewusst machen.

- **Gelassenheit, Fleiß, Hingabe, Konzentration auf eine Sache**
  Es ist nicht immer einfach, gelassen zu bleiben, wenn das Einkommen vom Erfolg unserer Arbeit abhängt, und ich kann sehr gut verstehen, dass man unruhig und nervös wird, wenn sich der Erfolg nicht gleich einstellt. Glauben Sie mir, ich kann das sehr gut verstehen, denn ich habe es selbst erlebt und erlebe es immer wieder einmal. Sorgen Sie daher so gut wie möglich für Reserven in Zeiten, wo es Ihnen wirtschaftlich gut geht und legen Sie diese Reserven gewinnbringend an, jedoch so, dass Sie sie innerhalb weniger Monate ohne Verluste wieder verfügbar haben können. Diese Reserven helfen Ihnen dabei, die notwendige Gelassenheit aufzubringen, wenn es einmal schwierig wird.

- **Ohne Fleiß kein Preis**, das können Sie unterstreichen und wörtlich nehmen. Mir hat dabei sehr geholfen, dass ich jeden Arbeitstag schriftlich plane. Am Ende eines jeden Arbeitstags trage ich in meinen Kalender zwischen zwei und fünf Dinge ein, die ich am nächsten Tag erledigen will. Nicht mehr und nicht weniger. Inzwischen habe ich dabei so viel Übung und kann meine Leistungsfähigkeit so gut einschätzen, dass ich in der Regel immer hinkomme. Jeder erledigte Punkt bekommt einen grünen Haken, das motiviert mich zusätzlich. Wenn ich einen Punkt einmal nicht geschafft habe, streiche ich ihn durch und trage ihn sofort an einem der nächsten Tage wieder ein.

Ich habe auch gelernt, dass das Gerede über die Multitaskingfähigkeit von erfolgreichen Managern völliger Blödsinn ist. Wenn wir versuchen, verschiedene Dinge gleichzeitig zu machen, kommt nichts Gescheites dabei heraus. Ich konzentriere mich immer auf ein Thema, eine Aufgabe, und zwinge mich dazu, alles andere auszublenden, bis dieses eine Ding erledigt ist. Dann kommt der nächste Punkt. Mit dieser Methode arbeite ich inzwischen sehr effizient und erfolgreich.

> **Tipp**
>
> Vermeiden Sie Parallelarbeit. Fokussieren Sie sich ganz auf den jeweiligen Punkt und arbeiten Sie bewusst seriell bis der Punkt erledigt ist. Dann erst folgt die nächste Aufgabe.

Jeder Mensch hat Phasen am Tag, in denen die Arbeit besonders leicht von der Hand geht und die Konzentration am höchsten ist. Bei mir ist das die Zeit zwischen sieben und zwölf Uhr Vormittags. Die erste Stunde nach dem Kaffeetrinken ist quasi eine Aufwärmphase, in der ich schon anfange, erste Punkte von meiner Tagesliste abzuarbeiten. Nichts Dramatisches, eher einfache Dinge. Dann, wenn ich warmgelaufen bin und meine Leistungsturbine ruhig im Leerlauf schnurrt, beginne ich mit dem wichtigsten Punkt des Tages. Anfangs habe ich mich da ein bisschen selbst beschummelt, denn ich habe meistens eine Aufgabe begonnen, die mir Spaß macht. Inzwischen habe ich gelernt, dass es unbedingt erforderlich ist, die wirklich wichtigste Aufgabe in diese produktivste Zeit des Tages zu legen, auch wenn es etwas ist, das ich nicht gerne mache.

> **Tipp**
>
> Finden Sie Ihre produktivste Tageszeit heraus. Machen Sie dazu einen Wochenrückblick und notieren Sie die Zeiten, an denen Sie am erfolgreichsten und produktivsten gearbeitet hatten. Legen Sie in diesen Zeitraum nun immer die wichtigsten Dinge des Tages. Sie belohnen Sie selbst mit einer gestärkten Konzentrationsfähigkeit und Gelassenheit, die damit einhergeht!

- **Durchhaltevermögen, Freude am Erfolg, Arbeit ist Spaß**
  Ausdauer plus Geduld plus Hingabe führen definitiv zum Ziel. Ihr Durchhaltevermögen wird besser, wenn Sie wie beschrieben Ihren Arbeitstag planen und konkrete Dinge definieren, die Sie abarbeiten wollen. Werden Sie wirklich konkret bei Ihrem Arbeitsplan.
  Schreiben Sie nicht: „Erstellung von Konzept xy beginnen", sondern besser: „Für Konzept xy die Struktur definieren und mit Überschriften versehen". Damit haben Sie sich ein klares Arbeitsergebnis vorgegeben, das Sie erreichen wollen. Wenn Sie dann zu dieser Aufgabe kommen, können Sie aus dieser klarer Aufgabenstellung sehr schnell ableiten, wie Sie vorgehen wollen, was für Schritte dafür notwendig sind

und wie viel Zeit Sie wahrscheinlich dafür brauchen werden. Wenn Sie diese Aufgabe erledigt haben, kommt das grüne Häkchen hinter den Punkt.

Mich freut das jeden Tag aufs Neue, wenn ich sehe, wie ich Punkt für Punkt abgearbeitet habe, das ist für mich sehr wichtig und Grundpfeiler meines beruflichen Erfolgs.

Freude am Erfolg empfinden, denn Arbeit soll Spaß machen. Haben Sie Spaß an der Arbeit, dann bekommen Sie auch das Durchhaltevermögen und die Hingabe, die für den Erfolg so wichtig sind. Mir geht es manchmal so, dass ich ein leises Gefühl des Bedauerns spüre, wenn ich eine Aufgabe erledigt habe, die erfolgreich war und mir viel Spaß gemacht hat.

- **Selbstkontrolle, Stolz, Selbstbewusstsein**
  Um durchhalten zu können, um die notwendige Konzentration aufzubringen, ist ein hohes Maß an Selbstkontrolle erforderlich. In „Gorin No Sho", das Buch der fünf Ringe, schreibt der wahrscheinlich berühmteste Samurai Miyamoto Musashi vor etwa vierhundert Jahren über die Geisteshaltung, die zum Erfolg (des Schwertkampfes) erforderlich ist:
  Mit offenem Geist und nicht gedrängt betrachte die Dinge von einem höheren Standpunkt aus. Du musst Deine Weisheit und Deinen Geist kultivieren. Sowohl im Kampfe wie im alltäglichen Leben solltest Du entschlossen sein, wenngleich auch ruhig. Begegne der Situation ohne Anspannung und dennoch nicht nachlässig.[3]
  Miyamoto Musashi stand im Kampf quasi neben sich und beobachtete Aktion und Reaktion von einem höheren Standpunkt aus. Das erinnert uns sehr an gewisse NLP-Methoden, nicht wahr?
  Ich habe diese Geisteshaltung für mich mit Selbstkontrolle übersetzt. Es geht nicht darum, perfekt zu sein. Was wären wir ohne unsere kleinen Schwächen

und Ticks? Wichtig ist nur, im alltäglichen und beruflichen Leben zu den Zeiten, an denen wir wichtige Dinge erfolgreich erledigen und den Kampf gewinnen wollen, ein hohes Maß an Selbstkontrolle zu haben.

Ein höheres Maß an Selbstkontrolle kann jeder Mensch erlernen, wenn der Wille dazu da ist. Die tägliche Arbeit schriftlich und konkret zu planen, ist ganz sicher ein wichtiger Schritt dazu. Sie werden mit der Zeit merken, dass Sie zunehmend stolz auf sich selbst werden. Die erfolgreiche Selbstkontrolle erzeugt Stolz und stärkt Ihr Selbstbewusstsein. Sie sind der Herr Ihres Handelns und nicht Sklave Ihres Kalenders!

Wenn Sie dann Rückschau halten und sehen, was Sie alles geleistet, erledigt, erdacht und bewegt haben, dann können Sie zu Recht Stolz sein. Aus diesem Stolz auf das erreichte hohe Maß an Selbstkontrolle entsteht dann ein unerschütterliches Selbstvertrauen, das zu weiteren Erfolgen führt:

> **Was ich mir vornehme, das erreiche ich auch!**

Und damit schließt sich der Kreis. Mit diesem großen und gerechtfertigten Selbstvertrauen bekommen Sie schlussendlich auch die Gelassenheit, die Freude und die Hingabe, die für eine nachhaltig erfolgreiche Arbeit unabdingbar ist. Die damit einhergehenden positiven Emotionen, der Schauer, der uns möglicherweise den Rücken runterläuft, wenn wir spüren, dass wir uns dem Ziel nähern, diese Emotionen sind der nachhaltigste Zugang zu unseren persönlichen Ressourcen.

Als Nachhaltigkeitsmanager spüren wir unsere gesellschaftliche Verantwortung und das ist Freude und Aufgabe zugleich. Im Zeitalter des globalen Klimawandels sind wir gefordert, den Übergang von einer betriebs-wirtschaftlichen zu einer nachhaltigen Entwicklung entscheidend mitzugestalten. Durch unsere Arbeit erfahren wir ein hohes Maß an Befriedigung, weil wir wissen, dass wir das absolut Richtige tun, für uns und für die Generationen nach uns. Enkeltauglich halt. Daneben dürfen wir jedoch nicht vergessen, dass wir von unserer Arbeit auch leben wollen.

10.11   Geld verdienen ist keine Schande

Geld verdienen, das erworbene Wissen nicht verschenken, sondern vermarkten!

Bei all den geschilderten Herausforderungen und Fähigkeiten, die ein erfolgreicher Nachhaltigkeitsmanager haben oder sich aneignen muss, dürfen wir jedoch nicht die Vorteile außer Acht lassen, die mit diesem Beruf (oder Berufung?) einhergehen. Auch wenn Nachhaltigkeit/CSR für viele Menschen neu, unverständlich oder auch missverständlich ist, hat Nachhaltigkeit doch eine große Tradition. Mit Hans Carl von Carlowitz begonnen, verwenden Organisationen seit nun mehr als drei Jahrhunderten methodische Nachhaltigkeitsmechanismen, um einen dauerhaften und sozial verträglichen Erfolg ihrer Organisation zu erreichen. Gerade im Mittelstand hat der „ehrbare Kaufmann" immer noch einen hohen Stellenwert. In diesem Begriff ist vieles enthalten, was wir heute unter einem Nachhaltigkeitsmanager verstehen. Der Mittelstand ist heute empfänglich für Manager, die ihr Unternehmen ganzheitlich beraten und dazu beitragen, dass es eine gute Entwicklung nehmen wird.

Auch große Konzerne und multinationale Organisationen legen immer häufiger Wert auf soziale und ökologisches Aspekte ihrer Lieferanten und Geschäftspartner. Das Interesse von Investoren, Analysten und Ratingagenturen an nachhaltigen Strukturen in der Wirtschaft wächst. Ich habe selbst miterlebt, wie die Kreditwürdigkeit eines Konzerns auf Triple-A (AAA) gesetzt wurde, als nachgewiesen werden konnte, dass der Konzern eine Nachhaltigkeitsstrategie hat, regelmäßig einen Nachhaltigkeitsbericht herausgibt und entsprechende Nachhaltigkeitsziele im Zielsystem der Führungskräfte hinterlegt hatte.

Dieses Interesse von Mittelstand und Konzernen ist für uns Nachhaltigkeitsmanager natürlich die große Chance, an gute Honorare zu kommen. Wir sind ein gefragtes und dünn gesätes Grüppchen von Experten und das ist immer die beste Voraussetzung für gutes Honorar bzw. Vergütung. Wir sind gefragt, weil wir eine sehr große Bandbreite an gesellschaftlichen, ökonomischen und ökologischen Facetten souverän abdecken. Wir können den Energieverbrauch eines Unternehmens senken und dabei auch noch ökologisch sinnvolle Energiekonzepte umsetzen. Eine CO_2-Bilanz zu erstellen und einen CO_2-Reduzierungspfad zu entwickeln ist für uns eine Selbstverständlichkeit. Soll ein Nachhaltigkeitsbericht erstellt werden? Kein Problem, wir zeigen, wie es geht. Ist eine Lieferkette sozial oder ökologisch bedenklich? Wir analysieren die Supply Chain und geben praxisbezogenen Rat zur Optimierung. Geht es darum, in Entwicklungsländern und Schwellenländern Umweltstandards und Sozialstandards zu etablieren? Das ist für uns eine interessante Aufgabe, denn wir sind fachkundig, erfahren und innovativ. Wir können Organisationen und Unternehmen weltweit zeigen, welchen Nutzen ihr Engagement auf dem ökonomischen, dem gesellschaftlich/sozialen und dem ökologischen Sektor bringt.

Wir dürfen nur eines nicht vergessen und einen Fehler nicht machen, nämlich zu wenig oder gar kein Geld für unsere Leistungen zu verlangen. Meiner Erfahrung nach sind Nachhaltigkeitsmanager hier extrem gefährdet. Sie sind alle sehr sozial eingestellte Menschen mit einem hohen Verantwortungsgefühl für die Gesellschaft und die Umwelt. Oft machen wir aus ideellen Gründen dann etwas umsonst, für das wir uns eigentlich honorieren lassen müssten.

Ich sage das aus eigener Erfahrung und ermahne mich dabei selbst. Das Wissen, die Fähigkeiten und Methoden, die Sie sich in einem jahrelangen Lernprozess angeeignet und wahrscheinlich mit Frust und Tränen bezahlt haben, muss nun auch dafür verwendet werden, Ihr Auskommen zu sichern und Ihren Kühlschrank zu füllen.

Ich kenne einen guten Nachhaltigkeitsmanager mit besagtem hohen sozialen Engagement, der sich auch unter schwierigsten Bedingungen in Krisengebieten mit einem Tageshonorar von 500 € zufrieden gibt, obwohl er weiß, dass er damit ziemlich unterbezahlt ist. Es gibt keinen Honorarschlüssel für Nachhaltigkeitsmanager wie zum Beispiel die Honorarordnung für Architekten und Ingenieure (HOAI). Ich möchte jedoch eine Untergrenze einziehen, die auf meiner langjährigen Erfahrung als Auftraggeber von Ingenieurbüros und Unternehmensberatungen beruht.

Wenn Sie als selbstständiger Nachhaltigkeitsmanager unterwegs sind, dann verlangen Sie mindestens einen Nettotagessatz von 900 € bei einer Remote-Tätigkeit und 1100 € für Einsätze vor Ort, das Ganze selbstverständlich zuzüglich Spesen. Nach oben sind keine Grenzen gesetzt und in vielen Ländern sind Tagessätze von 1500 € und mehr durchaus üblich. Bedenken Sie bei Ihren

Honorarforderungen auch, dass Sie für jeden Tag vor Ort mindestens einen Tag Vorarbeit und einen Tag Nacharbeit einrechnen müssen. Wenn Sie sich als Angestellter auf eine solche Managementposition bewerben, dann sollten Sie ein Fixum von 80.000 € pro Jahr zuzüglich eines flexiblen Leistungsteils in Höhe von 10.000 bis 20.000 € pro Jahr verlangen.

Schön, nun sind Sie ein gut verdienender Nachhaltigkeitsmanager und setzen Ihre gesamte Erfahrung für die Organisation ein, in der Sie gerade tätig sind. Sie wollen diese Organisation voranbringen und in eine nachhaltige Zukunft begleiten und sind mit Begeisterung und viel Engagement bei der Sache. Sie sind jetzt ein vollausgebildeter Nachhaltigkeitsmanager voller Stolz und Selbstbewusstsein und bereit für die aktuelle Situation, das neue Projekt, die neue Herausforderung. Sie haben Ihren Rucksack mit all den Werkzeugen und Tools auf dem Rücken (siehe Anlage 12), die Sie sich in Ihrem bisherigen Berufsleben und mit Ihrer Weiterbildung zum Nachhaltigkeitsmanager angeeignet haben.

Dennoch kann es vorkommen, dass Ihnen trotz allem der Erfolg immer noch verwehrt bleibt. Wenn dies so ist, dann haben Sie einfach nicht den richtigen Schlüssel zum Erfolg in der Hand.

Quellenverweis und Anmerkungen

1. Richard Bandler & John Grinder, Reframing – Neurolinguistische Programmierung und die Transformation von Bedeutung, Junfermann Verlag.
2. z. B. bei https://www.openproject.org/.
3. Miyamoto Musashi, Gorin No Sho – Das Buch der fünf Ringe, RaBaKa Publishing.

11

Der Schlüssel für Ihren Erfolg

Ich vergleiche diese Situation gern mit folgendem Bild: Sie stehen vor dem Gebäude einer Organisation, der Sie dabei helfen wollen, den Weg einer nachhaltigen Entwicklung zu gehen. Sie haben alle Fähigkeiten und Werkzeuge, die wir in diesem Buch besprochen haben, in Ihrem Rucksack dabei und sind jederzeit in der Lage, sie perfekt und erfolgreich einzusetzen. Fit und voller Motivation wollen Sie nun das Gebäude betreten und mit der Arbeit anfangen. Aber als Sie die Tür aufschließen wollen, stellen Sie fest, dass Ihr Schlüssel nicht passt und die Tür verschlossen bleibt.

Dieses Bild trifft mein eigenes Erleben bei Nachhaltigkeitsprojekten ziemlich gut. Ich habe mich oft gefragt, warum bei allem Faktenwissen zum Thema Nachhaltigkeit es nicht sehr viel mehr Beispiele für gelungenes Nachhaltigkeitsmanagement gibt, auf die ich hätte stoßen müssen. Habe ich zu wenig und an den falschen Stellen gesucht?

© Springer-Verlag GmbH Deutschland, ein Teil von Springer Nature 2022
M. Wühle, *Nachhaltigkeit messbar machen*,
https://doi.org/10.1007/978-3-662-66047-8_11

Ich glaube nicht, denn wer sich wie ich nun schon seit mehr als fünfzehn Jahren täglich mit dem Thema auseinandersetzt, der bekommt schon einen guten Überblick. Natürlich ist es unmöglich, alle Erfolge im Bereich Nachhaltigkeit zu kennen, ich bin jedoch in Tuchfühlung mit wichtigen Organisationen und Multiplikatoren in der Szene. Ob dies nun Menschen sind, die ich im Rahmen meiner Seminare und Vorträge begegne oder im Rahmen von Konferenzen und Veranstaltungen, ich finde in der Regel Suchende, die oft in bewundernswerter Weise versuchen, für ihr Unternehmen, ihre Kommune oder ihren Verein den richtigen Weg in eine nachhaltige Zukunft zu finden.

So ist beispielsweise die Jahreskonferenz des „Rates für nachhaltige Entwicklung in Deutschland" eine von mir bis vor einigen Jahren regelmäßig besuchte Veranstaltung. In den Vorträgen und Symposien werden durchaus auch Methoden und Tools vorgestellt, die jeder Teilnehmer als Best Practice für sich anwenden kann. Deswegen besuchen auch viele Menschen mit Bezug zur Nachhaltigkeit diese Veranstaltung.

Der weitaus größte Teil der Teilnehmer dieser und ähnlicher Veranstaltungen gehört nach meiner Wahrnehmung jedoch zu den Unschlüssigen und Suchenden. In zahlreichen Gesprächen am Rande vieler Konferenzen unterschiedlicher Organisationen aus dem Bereich Nachhaltigkeit (Networking ist wie gesagt unheimlich wichtig!) habe ich da eine große Bandbreite an Fragen gehört. Das reicht von: „Ich würde gern …, aber macht das überhaupt Sinn?" bis „Wir möchten dies und das, wissen aber nicht, wie das geht". Das erinnert mich wieder an einen Film, wo jemand versucht, im Dunkeln den Schlüssel in das Türschloss zu fummeln, hinter der die Lösung liegt.

Immer wieder wird an diesen Orten gesagt: „Wir sind für Nachhaltigkeitsziele, aber die Umsetzung klappt nicht" und: „Wo sind die schwarzen Schafe, wo sind die Gegner einer nachhaltigen Entwicklung?". Ausdrücke wie Transformation, social Transformation, transmitting worldwide, German leadership u. v. m. scheinen dabei die Zauberwörter zu sein die verwendet werden, aber niemand versteht (ich übrigens auch nicht).

Da kommen dann auch Sätze wie: „Wir müssen ökonomisch umsetzen, was wir ökologisch wollen, am besten auf der kommunalen Ebene" und: „Wir haben ein institutionelles Problem, die verschiedenen Konzepte zu koordinieren, z. B. Netzausbau, Ziele, Prioritäten, virtuelle Kraftwerke, Dezentralisierung", schließlich: „Wir müssen vom Ende her denken, wie wir unsere Nachhaltigkeitsziele erreichen können".

Alles fast richtig und doch so weit von der Lösung entfernt, dass es sich für mich hilflos und recht ratlos anhört. Ich habe auch viele Jahre nach dem richtigen Schlüssel und der richtigen Tür gesucht und beides nicht oder nicht gleichzeitig gefunden. Je länger ich mich jedoch mit dem Thema Nachhaltigkeit und ihren erstaunlich großen Potenzialen für alle persönlichen und beruflichen Lebenslagen und Fragestellungen beschäftigte, desto mehr reifte bei mir die Erkenntnis, dass es wie so oft im Leben auch hier eine einfache und simple Lösung geben muss.

Ich fing an, mit Menschen aus meinem Netzwerk über deren berufliche und private Erfolge und Misserfolge zu sprechen, und versuchte die Ursachen für beides zu finden. Anfangs habe ich nicht die richtigen Fragen gestellt, aber ich habe nicht aufgegeben und immer wieder aufs Neue gefragt und den Antworten aufmerksam zugehört. Sie erinnern sich an die Macht der Fragen?

Dabei wurden mir zunehmend die Elemente klar, die über Erfolg und Misserfolg entscheiden. Vor nicht allzu langer Zeit kam mir beim Joggen durch den Wald dann ein inspirierender Gedanke, während ich über Erfolge und Misserfolge früherer Projekte von mir nachdachte.

Zurück in meinem Büro stellte ich eine These für die Gründe von Erfolg und Misserfolg auf und schrieb sie nieder. Inzwischen habe ich diese These anhand meines eigenen Erlebens und dem anderer Menschen oft überprüft und jedes Mal bestätigt bekommen.

Deshalb ist das Folgende für mich nun nicht mehr These, sondern der Schlüssel zum Erfolg:

DER SCHLÜSSEL FÜR ERFOLG ODER MISSERFOLG

1. Wenn in der Vergangenheit Projekte und Entscheidungen, im Beruf oder im privaten Bereich, wenn Entwicklungen negativ oder unbefriedigend gelaufen sind, dann war IMMER ein Bruch in der (für uns NICHT BEWUSSTEN) Struktur der Nachhaltigkeit die Ursache. Eine, zwei, oder alle drei Dimensionen/ Säulen der Nachhaltigkeit wurden (UNBEWUSST) **nicht beachtet** oder **ungleich gewichtet**.
2. Wenn in der Vergangenheit dagegen die Dinge positiv und erfolgreich liefen, dann lag dem IMMER eine (UNBEWUSSTE) vollständige und harmonische Struktur der Nachhaltigkeit zugrunde. In diesen Fällen waren ALLE DREI DIMENSIONEN der Nachhaltigkeit für den jeweiligen Fall ideal ausbalanciert.

> **DER SCHLÜSSEL ZUM ERFOLG IST DER BEWUSSTE, GEZIELTE UND GLEICHZEITIGE EINSATZ ALLER DREI DIMENSIONEN DER NACHHALTIGKEIT ZUR RICHTIGEN ZEIT.**

Diesen Schlüssel zum Erfolg haben auch schon andere Menschen für sich gefunden; manchmal wird er auch als

,Sweet Spot' bezeichnet. Wenn sich alle drei Dimensionen der Nachhaltigkeit gleichgewichtig überlappen und ergänzen, dann entfaltet der ,Sweet Spot' seine optimale Wirkung.

Es war gut für mich, dass ich von selbst auf diese unheimlich wichtige Erkenntnis gekommen und erst danach auf den Sweet Spot (siehe Abb. 11.1) gestoßen bin. Dass ich diesen fand, war das bekannte *Blaue-Auto-Syndrom.* Wenn Sie sich ein blaues Auto ausgesucht und gekauft haben, sehen Sie plötzlich überall blaue Autos. Ähnlich ging es mir mit meinem Schlüssel zum Erfolg. Ich fand immer mehr Informationen, Artikel und Konzepte, die auf der gleichen Erkenntnis beruhten.

Damit kennen wir jetzt alle Eigenschaften, die den Schlüssel zum Erfolg ausmachen (siehe Abb. 11.2). Damit er zum richtigen Schloss, sprich zur richtigen

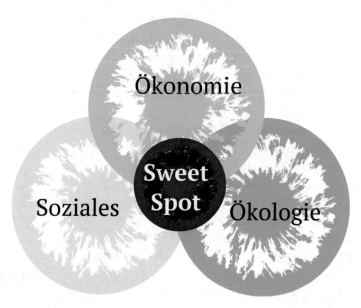

Abb. 11.1   Sweet Spot

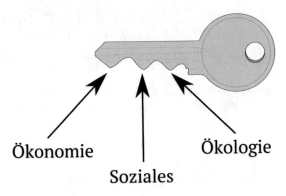

Abb. 11.2   Der Schlüssel zum Erfolg

Organisation passt, muss er eine individuelle Form für jede Organisation haben. Es gibt keinen Einheitsschlüssel, sondern nur individuelle Formen.

Unser Schlüssel zum Erfolg im Nachhaltigkeitsmanagement hat immer drei Zähne, einen für die Ökonomie, einen für das Soziale und die gesellschaftliche Verantwortung und einen für die Ökologie. Größe und Reihenfolge der Zähne variieren jedoch, sie sind bei jeder Organisation anders.

Den Schlüssel zum Erfolg müssen wir Nachhaltigkeitsmanager uns individuell für jedes Projekt und jede Organisation anfertigen. Das können wir dadurch erreichen, indem wir die Organisation, der wir helfen wollen, genau analysieren. Dadurch finden wir die spezifischen Bedürfnisse und Engpässe heraus und können jeden der drei Zähne so zurechtfeilen, dass er passt. Für diesen Teil müssen Sie sich genügend Zeit nehmen, ganz genau hinsehen und den Schlüssel passend zurechtfeilen. Wie bei einem echten Schlüssel hilft es überhaupt nichts, wenn er zu 99 % richtig ist. Er wird nur dann das Schloss öffnen können, wenn er zu 100 % passt.

Darum gefällt mir dieses Bild auch so gut. Schauen Sie sich also Ihre Organisation, die Sie auf den Weg der Nachhaltigkeit bringen wollen, sehr genau an. Studieren Sie alle Daten und Unterlagen, die Sie bekommen können, sprechen Sie ausführlich mit den beteiligten Menschen, hören Sie aufmerksam zu, stellen Sie viele konstruktive Fragen und machen Sie sich ein möglichst genaues Bild über die Organisation. Wenn Sie mit möglichst vielen Menschen in dieser Organisation sprechen und die richtigen Fragen stellen, erhalten Sie die Sicherheit und das Selbstvertrauen, um einen hundertprozentig passenden Schlüssel für diese Organisation zu fertigen. Diese Informationen zusammen vermitteln Ihnen das Bild, wie Ihr Schlüssel für genau diese Organisation exakt aussehen muss. Sie wissen dann, wie groß Sie den ökonomischen, den gesellschaftlich/sozialen und den ökologischen Zahn gestalten müssen.

Mit diesem Schlüssel ist Ihnen der Erfolg beinahe sicher und Sie können mit Freude Ihr Werk beginnen.

12

Zur richtigen Zeit am richtigen Ort

Wir sind nun fast am Ende des Buches angelangt. Wir kennen die Unterschiede und Gemeinsamkeiten bei den verschiedenen Ausprägungen des Nachhaltigkeitsmanagements und wir teilen die Erkenntnis, dass der Schlüssel zum Erfolg in der ausbalancierten Anwendung aller drei Dimensionen der Nachhaltigkeit liegt. Wir sind davon überzeugt, dass eine Nichtbeachtung oder zumindest Abschwächung auch nur einer dieser Dimensionen aller Wahrscheinlichkeit nach unser Projekt scheitern lässt.

Und dennoch reicht dieses Wissen nicht immer aus, um sicher sein zu können, dass unser jeweiliges Projekt gelingen wird. Vielleicht ist es Ihnen auch schon einmal passiert, dass Ihr Projekt, Ihre Maßnahme, Ihr Vorhaben gescheitert ist oder nicht den Erfolg gebracht hat, den Sie angepeilt hatten und das, obwohl Sie – rückblickend gesehen – alle Dimensionen der Nachhaltigkeit ausgewogen berücksichtigt, den richtigen Schlüssel zum

© Springer-Verlag GmbH Deutschland, ein Teil von Springer Nature 2022
M. Wühle, *Nachhaltigkeit messbar machen*,
https://doi.org/10.1007/978-3-662-66047-8_12

Erfolg in der Hand und die jeweiligen Besonderheiten berücksichtigt hatten? Mir ist auch das schon passiert und ich habe mich dann immer gefragt, was denn die Ursache dafür ist.

Meiner Erfahrung nach sind Sie in diesem Fall zwar am richtigen Ort, mit dem richtigen Schlüssel zum Erfolg in der Hand, aber Sie sind zur falschen Zeit da. Das ist auch schon anderen so ergangen. Erinnern Sie sich an Tolkiens „Der kleine Hobbit"? Der Schlüssel zum Geheimgang der Zwerge funktionierte nur an einem bestimmten Tag. Und obwohl es in der Anleitung lautete *„Steht bei dem grauen Stein, wenn die Drossel schlägt und der letzte Sonnenstrahl am Durinstag auf das Schlüsselloch fällt."*[1] kamen die Zwerge viel zu früh an und mussten wochenlang auf den richtigen Tag warten. **Es handelt sich also um ein Zeitschloss und unser Schlüssel zum Erfolg schließt nur zur richtigen Zeit.**

Die falsche Zeit erkennen Sie daran, dass trotz scheinbar guter oder sogar idealer Voraussetzungen die Bereitschaft innerhalb der Organisation nicht vorhanden ist, den entscheidenden Schritt in Richtung Nachhaltigkeit zu gehen. Wenn Sie in den ersten Gesprächen mit Verantwortlichen der betroffenen Organisation aufmerksam zuhören, werden Sie sehr schnell herausfinden, ob es nur vereinzelte Bedenkenträger gibt – die sind immer vorhanden, das wissen wir ja – oder ob das Maß der Zweifel und der Unentschlossenheit zu hoch ist, um eine echte Aussicht auf Erfolg zu ermöglichen.

Versuchen Sie in diesem Fall nicht, die Beteiligten von der Sinnhaftigkeit ihrer Ideen zu überzeugen. Wir haben das ja ausführlich besprochen. Sie hätten keinen Erfolg damit. Wir wollen es gar nicht versuchen, jemanden von seinem ‚Glauben' abzubringen!

In diesem Fall rate ich Ihnen: **Hören Sie auf, bevor Sie richtig begonnen haben. Sie sind zur falschen Zeit am richtigen Ort.** Suchen Sie sich eine andere Organisation, die Ihre Hilfe benötigt und für die es die richtige Zeit ist. Nach einiger Zeit können Sie ja bei der anderen Organisation noch mal vorbeischauen. Vielleicht ist ja dann dort auch die richtige Zeit gekommen?

Es gibt für jedes Projekt einen richtigen Zeitpunkt zur Umsetzung. Dies ist dann der Fall, wenn alle notwendigen Voraussetzungen gegeben sind und es eine breite Mehrheit unter den Beteiligten gibt, die das Projekt unterstützen. Bei Nachhaltigkeits-Projekten ist der richtige Zeitpunkt noch wichtiger als bei ‚normalen' Projekten, denn es müssen drei Dimensionen im richtigen Verhältnis zueinander stehen. Den richtigen Zeitpunkt zu erkennen ist die Königsdisziplin im Nachhaltigkeitsmanagement. Ich bin sicher, Sie werden den richtigen Zeitpunkt erkennen!

Quellenverweis und Anmerkungen

1. John Roland R. Tolkien, Der kleine Hobbit, Deutscher Taschenbuch Verlag dtv.

13

Nachhaltigkeit – die Zukunft wartet auf Sie

Lassen Sie uns einen kurzen Blick in die Vergangenheit werfen, bevor wir uns ganz der Zukunft widmen. Gleich am Anfang des Buches haben wir über die Ursprünge des Begriffs Nachhaltigkeit und der Notwendigkeit gesprochen, nachhaltige Strukturen unverrückbar in unser Handeln einzuweben.

Wir haben verstanden, dass Wohlstand und eine intakte Umwelt unterschiedliche Aspekte ein und derselben Sache sind. Was Hans Carl von Carlowitz mit seiner *wilden Baumzucht* und deren Wechselwirkung mit dem Bergwerksbau, mit der Bevölkerung und seinem Landesfürsten klar wurde, war die Tatsache, dass nur ein nachhaltiges Wirtschaften die Grundlage für eine generell positive Entwicklung ist.

Um die ursprüngliche Idee der Nachhaltigkeit in unsere Zeit zu übertragen, haben wir mit etlichen Bildern gearbeitet. Ähnlich wie Steve Jobs haben wir unterschiedliche, zunächst scheinbar unvereinbare Ansätze in einem

© Springer-Verlag GmbH Deutschland, ein Teil von Springer Nature 2022
M. Wühle, *Nachhaltigkeit messbar machen*,
https://doi.org/10.1007/978-3-662-66047-8_13

stimmigen Gesamtbild vereinigt. In Anlehnung an das berühmte Bild, in dem sich Technologie und Kunst in Steve Jobs Apple-Universum überschneiden und sich an dem Punkt vereinigen, wo tolle Produkte entstehen, haben wir für die Nachhaltigkeit das Bild eines Kreisverkehrs eingeführt.

In diesem Kreisverkehr der Nachhaltigkeit vereinigen sich ohne Zusammenstöße die ökonomische, die soziale/gesellschaftliche und die ökologische Dimension des Nachhaltigkeitsprinzips zu einer starken Einheit, die schließlich gemeinsam die Ausfahrt in Richtung einer nachhaltigen Entwicklung nehmen.

Wir haben verstanden, dass sich diese drei Dimensionen nicht gegenseitig behindern, sondern ganz im Gegenteil sich durch positive Wechselwirkungen sogar gegenseitig verstärken. Dass dabei ein Resultat $1 + 1 + 1 = 4$ herauskommt, haben wir als starke und mächtige Lösung für sehr viele Probleme unserer Zeit erkannt.

Gerade im Zeitalter des globalen Klimawandels sind ganzheitliche Lösungsansätze erforderlich. Wir bekamen die anfangs noch vage Ahnung, dass gerade für die drängenden und wahrlich existenziellen Fragen und Probleme, die mit der nicht mehr aufzuhaltenden Erderwärmung einhergehen, die ernsthafte und professionelle Anwendung des Nachhaltigkeitsprinzips die ultimative Lösung darstellen kann.

Wohlgemerkt, darstellen kann! Es ist wie ein Zauberspruch, den wir als Lehrling Felix von unserem Meister Carlowitz gelernt haben, dessen Macht wir nun kennen und uns gerade deswegen davor fürchten ihn anzuwenden, ihn auszusprechen, den Zauber zu wirken.

Haben wir diesen Zauberspruch aber einmal ausgesprochen, so wird er unser gesamtes Leben beeinflussen. Unabhängig davon, ob wir in unserem Berufsleben irgendetwas mit dem Thema Nachhaltigkeit zu tun haben oder nicht, wirkt dieser Zauber und wir kommen nicht mehr davon los.

Wir ändern unseren Blick auf das Geschehen um uns herum, wir ändern sehr wahrscheinlich unser eigenes Verhalten, insbesondere unser Konsumverhalten, denn mit dem gewonnenen Wissen können wir auch ohne Computer einfach hochrechnen, was wir kollektiv mit unserem Standardverhalten anrichten.

Jeder von uns, wirklich jeder, kann auf seiner Ebene Positives dazu beitragen, damit unser Handeln nachhaltiger wird. Es klingt verrückt, aber vielleicht sind der globale Klimawandel und die damit einhergehenden negativen Auswirkungen wie Dürren, Überflutungen und andere Starkwetterereignis der bisher fehlende starke Impuls, der die gesamte Gesellschaft in Richtung Nachhaltigkeit und damit zu einer besseren Gesellschaft treibt?

Das Prinzip der Nachhaltigkeit wird unser Leben und unsere Verhaltensmuster komplett verändern. In vielen Ländern setzt sich die Erkenntnis durch, dass wir uns mit den bisherigen Methoden im wahrsten Sinne des Wortes die Luft zum Atmen nehmen. Dennoch wollen neben den Industrieländern auch die Entwicklungs- und Schwellenländer weiter wirtschaftlich wachsen, um den gleichen Lebensstandard zu erreichen, den wir in Europa haben. Die Erkenntnis, dass dies im 21. Jahrhundert nur noch im Einklang mit der Umwelt und den betroffenen Menschen möglich ist, verbreitet sich zunehmend. Das ist unsere große Chance.

Nachhaltigkeit und Nachhaltigkeitsmanagement ist die glückliche Verbindung von drei Dimensionen, die im ‚normalen‘ Geschäftsleben nicht zusammenpassen. Sie, als nun gut vorbereiteter Nachhaltigkeitsmanager, Sie sind nun in der Lage, die ökonomischen, die sozial/gesellschaftlichen und die ökologischen Komponenten in einer Weise zu verbinden und zu verknüpfen, die erstaunliche und nachhaltige Ergebnisse hervorbringen kann.

Ich wünsche Ihnen viel Erfolg bei Ihren Aktivitäten als Nachhaltigkeitsmanager!

Die Erfordernisse dieser Zeit werden Sie zu einem gefragten Projektleiter und Manager machen. Der finanzielle Erfolg wird sich genauso einstellen wie die Anerkennung durch Ihre Mitbürger und die Projektbeteiligten. Die Tatsache, dass Sie mit Ihrer Arbeit einen bedeutenden Beitrag zum Erhalt unserer Umwelt leisten, mit dabei helfen, die Schöpfung für unsere Nachkommen zu bewahren, das wird Ihnen Kraft geben, wenn der Weg einmal steinig werden sollte.

All Ihre kleinen und großen Erfolge auf dem Feld der Nachhaltigkeit werden Sie immer häufiger in einen schöpferischen Modus versetzen, in einen Flow, der Sie trägt und zu Leistungen befähigt, die Ihnen selbst unglaublich erscheinen werden.

Wenn Sie manchmal entmutigt sind, weil sich Schwierigkeiten vor Ihnen auftürmen, dann machen Sie es doch wie ich und richten Sie einen Seufzer in die Vergangenheit an Meister Carlowitz. Das hilft mir immer. Er hatte gleichfalls viele Schwierigkeiten zu überwinden und dennoch oder gerade deswegen ein neues System geschaffen, das den Bedürfnissen seiner Zeit entsprochen hat.

Nachhaltigkeit. Wir können das in unserer Zeit auch.

Sie werden, genauso wie ich, wundervolle Menschen auf dieser Reise treffen, die wie Sie und ich vom Sinn der Nachhaltigkeit felsenfest überzeugt sind und die wie wir ihr Bestes geben, damit unsere Welt nachhaltiger wird.

Ich habe noch eine kleine Bitte an Sie: Geben Sie weiter, was Sie durch dieses Buch gelernt haben. Geben Sie dieses Wissen und Ihre eigenen Erkenntnisse und Wissensschätze weiter, die Sie im Laufe der Zeit bekommen werden.

Nachhaltigkeit ist ein Generationsvertrag. Denken Sie immer daran, dass alles, was wir tun, enkeltauglich sein sollte. Nachhaltig halt.

Ich wünsche Ihnen viel Erfolg und viel Spaß. Machen Sie's gut. Servus.

Hohenlinden im Juli 2022, Michael Wühle.

Anhang

Disclaimer: Der Autor übernimmt keinerlei Gewähr für die Aktualität, Korrektheit, Vollständigkeit oder Qualität der bereitgestellten Informationen, Beispiele und Arbeitsmittel. Haftungsansprüche gegen den Autor, welche sich auf Schäden materieller oder ideeller Art beziehen, die durch die Nutzung oder Nichtnutzung der dargebotenen Informationen bzw. durch die Nutzung fehlerhafter und unvollständiger Informationen verursacht wurden, sind grundsätzlich ausgeschlossen.

Anhang 1: SWOT-Analyse

Mit einer solchen Analyse können Sie sehr schön veranschaulichen, wo Ihre Organisation bezüglich Nachhaltigkeit steht, welche Risiken bestehen und wo die Handlungsfelder sind.

© Springer-Verlag GmbH Deutschland, ein Teil von Springer Nature 2022
M. Wühle, *Nachhaltigkeit messbar machen*,
https://doi.org/10.1007/978-3-662-66047-8

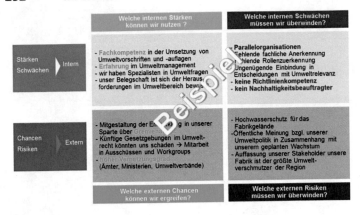

SWOT-Analyse

Anhang 2: Der Tempel der Nachhaltigkeit

Die nachhaltige Ausrichtung einer Organisation folgt dem strukturellen Aufbau eines klassischen Tempels. Das Fundament der Nachhaltigkeit bildet die gesellschaftliche Verantwortung, die jede Organisation und die jedes Unternehmen zu übernehmen hat, und das Wissen über die Fähigkeit des Systems Nachhaltigkeit, dieser Verantwortung gerecht zu werden. Die drei gleich starken Säulen der Ökonomie, des Sozialen/Gesellschaftlichen und der Ökologie tragen das Dach der Nachhaltigkeit: das Nachhaltigkeitsmanagement. Erst die Symmetrie dieser Konstruktion ermöglicht auch im realen Wirtschaftsleben nachhaltige Organisationen und Unternehmen.

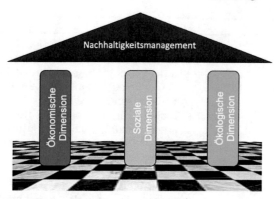

Tempel der Nachhaltigkeit

Bestandteile des Systems Nachhaltigkeit

1. Gesellschaftliche/soziale Verantwortung, das Fundament
2. Ökonomische Dimension der Nachhaltigkeit
3. Soziale Dimension der Nachhaltigkeit
4. Ökologische Dimension der Nachhaltigkeit
5. Nachhaltigkeitsmanagement

Anhang 3: Nachhaltigkeitskriterien für den Einkauf

Die nachfolgende Liste mit Kriterien für einen nachhaltigen Einkauf ist nur beispielhaft zu verstehen und muss für jede Organisation spezifisch angepasst werden.

Kriterien	Fragen
Standort	• Ist der Lieferant ortsansässig, ortsnahe, ortsfern? • Ist der Lieferant in einem kritischen Land in Bezug auf die Menschenrechte und Arbeitspraktiken? • Ist der Lieferant in einem kritischen Land in Bezug auf Logistik, Infrastruktur, Recht, Sprache, Zeitzonen?
Kapazität	• Ist die Kapazität an Maschinen, Räumlichkeiten, Personal und Lager ausreichend?
Zuverlässigkeit	• Ist der Lieferant in der Vergangenheit zuverlässig in puncto Lieferzeiten und Qualität gewesen?
Technik/Fähigkeiten	• Hat der Lieferant genügend Kenntnisse über seine • Produkte? • Hat der Lieferant ein System zur Qualitätssicherung? • Wie alt ist der Maschinenpark?
Kreditwürdigkeit	• Ist die Finanzierung der Produktion langfristig gesichert?
Referenzen	• Gibt es Erfahrungsberichte? • Gibt es Bewertungen? • Gibt es Zertifizierungen?
Synergie-Effekte	• Gibt es Kontakte mit dem Lieferanten über andere • Unternehmen?
Image/Reputation	• Wie hoch ist die Qualifikation der Mitarbeiter? • Hat der Lieferant Nachhaltigkeitskriterien implementiert? • Gibt es einen Nachhaltigkeitsbeauftragten?

Anhang 4: Handlungsfelder im (kommunalen) Nachhaltigkeitsmanagements

Die nachstehenden Listen dienen zur Identifizierung der jeweiligen Handlungsfelder einer Kommune, die für den Aufbau eines funktionierenden Nachhaltigkeitsmanagements notwendig sind. Die aufgeführten Handlungsfelder sind beispielhaft zu sehen.

Handlungs- felder der Öko- nomischen Säule	MöglicheHand- lungsoptionen	Potenziale
Nachhaltiger Einkauf	Regionalkonzept	Ein Regionalkonzept für die Beschaffung möglichst vieler Waren und Dienstleistungen aus der Region wirkt sich sehr positiv auf die Wertschöpfung, Arbeitsplätze, Umwelt- und Klimaschutz aus
	Code of Conduct	Korruptionsprävention bei kommunalen Aus- schreibungen erhöht das Vertrauen der Öffentlichkeit
Bestandsauf- nahme der Energiever- bräuche	Strom, Wärme und Kälte pro Gebäude	Bei Organisationen, die sich erstmalig diesem Thema widmen, sind hier Einsparungen von 30 % und mehr mit geringem Aufwand und geringen Kosten möglich

Handlungs-felder der Öko-nomischen Säule	MöglicheHand-lungsoptionen	Potenziale
	Lastgänge	Ermöglichen die genaue Verbrauchsanalyse und sind Grundlage für optimale Energie-effizienz und gezielten Einsatz Erneuerbarer Energien
Potenzialanalyse zu Erneuer-baren Energien und Biotreibstoffen	Energieautarke Kommune	Die Energieautarkie mittels eigener und lokaler Quellen ist durchaus möglich, wenn die Frage der Energiespeicherung (z. B. Biogas) bedacht und spezifisch für die jeweilige Kommune gelöst wird
Projektent-wicklung zum Einsatz Erneuerbarer Energien	Energie-Genossen-schaft	Die Gründung einer Bürger-Energie-genossenschaft mit kommunaler Beteiligung ist eine sehr gute Möglich-keit, Projekte zum Einsatz lokaler Energiequellen rasch und unkompliziert umzusetzen. Förder-mittel aus Land/Bund/EU können die Finanzierung erleichtern und die Rendite erhöhen

Handlungs-felder der Öko-nomischen Säule	MöglicheHand-lungsoptionen	Potenziale
Nachhaltig-keitskriterien für Investiti-onsmaß-nahmen	Ausschreibungs-management	In Ausschreibungen für Maschinen, Anlagen und Fahrzeuge der Kommune werden Nachhaltigkeits-kriterien eingebaut. Damit lassen sich über die geplante Lebens-dauer der Investition beträchtliche Kosten sparen, Umwelt- und Klimaziele erreichen und die Einhaltung von Sozialstandards garantieren
Bürger-modelle als Element einer nachhaltigen kommunalen Entwicklung	Bürger-Energie-genossenschaften	Eine Genossenschaft als basisdemokratische Organisation bietet Bürgerinnen und Bürger aller Alters-gruppen die Möglich-keit, sich aktiv an einer kommunalen Energie-wende zu beteiligen und Verantwortung für die Kommune zu übernehmen
Verwendung von Erlösen aus dem Einsatz Erneuerbarer Energien	Dorfverschönerung	Der kommunale Anteil an den Erlösen einer Bürger-Energie-genossenschaft kann für kommunale Ausbaumaßnahmen, zur Dorfverschönerung und zur Unterstützung regionaler Vereine und Initiativen ver-wendet werden

Handlungs-felder der Ökonomischen Säule	MöglicheHandlungsoptionen	Potenziale
Nachhaltiges Personal-marketing	Imageaufbau	Erfolgreiche Gewinnung von Fach- und Führungskräften im Wettbewerb mit der Wirtschaft durch Aufzeigen der strategischen Nach-haltigkeitsziele der Kommune (Erneuer-bare Energien, Dorfverschönerung, Infrastruktur) und den damit verbundenen attraktiven Aufgaben und Positionen
Bildung	Kommunale Bildungsplanung	Steigerung der Attraktivität der Kommune durch eine Schulentwicklungs- und Jugendhilfe-planung mit gezielter Einbindung der Bürgerinnen und Bürger
Generations-gerechte Angebots-planung	Arbeitskreis	Vorschläge zur weit-gehenden Herstellung von Barrierefreiheit in der Kommune, Dialog zwischen den verschiedenen Anspruchsgruppen
Soziale Netzwerke	Partnerschaften	Aufbau von Partner-schaften mit Nach-bargemeinden und/oder im Ausland. Austausch von Best Practice beim Thema Erneuerbare Energien und Anpassung an den Klimawandel

Handlungs-felder der Ökonomischen Säule	MöglicheHandlungsoptionen	Potenziale
Erstellung von CO_2-Footprint und Ökobilanz	Energieautarke Kommune	Umsetzung einer Null-Emissions-Strategie mit dem Ziel, die Treibhausgasemissionen der Kommune bis 2050 um 95 Prozent im Vergleich zum Jahr 1990 zu verringern
Vereinbarung von CO_2-Reduzierungszielen und -Abbaupfaden	Bürgerbeteiligung z. B. in Form von Bürger-Energiegenossenschaften	Ziele zu Energieeinsparung/ Energieeffizienz/ Energiemanagement vereinbaren (kurz-/ mittel-/langfristig) Zielvereinbarung zum Anteil lokal erzeugter Erneuerbarer Energie Zielvereinbarung zum Anteil von externen Ökostromanbieter (Wechsel bei Neuvergabe Stromversorgung, Beachtung der Kündigungsfristen)
Analyse lokaler Klimamodelle und deren mögliche Auswirkungen	Auftrag zur Erstellung eines lokalen Klimamodells	Erkennung von Risiken für die Kommune durch die Folgen des globalen Klimawandels Lokale Klimamodelle überführen die Ergebnisse der Globalen Klimamodelle in einen kleinräumigen Maßstab bis 50 km². Dabei werden lokale Besonderheiten berücksichtigt

Handlungs-felder der Ökonomischen Säule	MöglicheHandlungsoptionen	Potenziale
Risikoanalyse der Folgen des Klimawandels	Anpassungsmaßnahmen	Aus dem lokalen Klimamodell kann eine Risikoanalyse (z. B. mit SWOT) für die Kommune abgeleitet werden. Daraus lassen sich vorausschauende Planungen z. B. für Hochwasserschutz ableiten
Konzept eines stabilen lokalen Ökosystems	Biodiversität	Ebenfalls aus dem lokalen Klimamodell können Maßnahmenziele zum Walderhalt und Biodiversitätserhalt abgeleitet werden. Für Kommunen gibt es viele Möglichkeiten der Förderung
Ressourcenschonendes Handeln	Straßeninfrastruktur und Kommunale Gebäude	Bevorzugte Verwendung von recyceltem Baumaterial bei Neubau und bei Sanierung, dabei gleich die mögliche Umrüstung auf LED-Leuchten untersuchen, Fuß- und Radwegkonzept als Alternative zum Auto
Abwasser	Klärwerk	Umrüstung/Umbau/Neubau der kommunalen Kläranlage mit Fokus auf Eigenstromerzeugung durch Photovoltaikanlage und Biogasnutzung in Mikro-BHKW (Eigenstromprivileg)

Anhang 5: Nutzen eines Nachhaltigkeitsberichts

Der Nutzen der Berichterstattung ist vielfältig:

- **Aufmerksamkeit der Kunden:** Natürlich – der Preis ist wichtig. Aber er ist eben nicht alles. In gesättigten Märkten und bei vergleichbaren Produkten sind es Emotionen, die entscheiden. Hier kann ein verantwortungsbewusstes Auftreten ein wesentlicher Vorteil gegenüber den Mitbewerbern sein. Denn je aufmerksamer die Kunden werden, desto mehr zählen die Unterschiede gegenüber Konkurrenten! Immer mehr Konsumenten machen ihre Kaufentscheidung von der Nachhaltigkeit des Produzenten oder Dienstleisters abhängig. Mit einem guten Nachhaltigkeitsbericht erreichen wir die gewünschte Aufmerksamkeit unserer Kundschaft sowie allen anderen Anspruchsgruppen.
- **Mitarbeitermotivation:** Nachhaltigkeitsberichte motivieren die eigene Belegschaft! Sie machen Mut, weil sie zeigen, dass persönliche Werte mit dem eigenen wirtschaftlichen Tun vereinbart werden können. Darüber hinaus bringt das positive Feedback von Kollegen, MitarbeiterInnen, Freunden und Familie neue Energie. Der Grad der Identifizierung mit der eigenen Organisation erhöht sich in der Regel spürbar, was wiederum hilfreich für die Geschäftstätigkeit der Organisation ist.
- **Bessere Rekrutierung:** Wenn Ihre Organisation gerade durch den Nachhaltigkeitsbericht glaubhaft vermittelt, dass sie ihre gesellschaftliche Verantwortung ernst nimmt und sinnerfüllte Beschäftigung bietet, gewinnen Sie nicht nur die besten Köpfe, sondern auch Menschen, die sich nachhaltig (!) an die Organisation binden.

- **Vertrauen der Investoren:** Investoren interessierten sich immer schon für Chancen und Risiken eines Unternehmens. Neben den wirtschaftlichen gibt es auch Umweltrisiken, mit denen die Organisation, das Unternehmen klarkommen muss. Diese Umweltrisiken in einem Nachhaltigkeitsbericht darzustellen und nicht unter den Tisch zu kehren, schafft Vertrauen bei potenziellen Investoren. Oftmals ist durch einen umfassenden Nachhaltigkeitsbericht ein besseres Rating bei Investoren und Kreditgebern zu erreichen. Nachhaltigkeitsberichte zeigen darüber hinaus auch auf, welche Innovationen und Chancen im Leitbild der Nachhaltigen Entwicklung stecken. Für börsennotierte Unternehmen sind Nachhaltigkeitsberichte die Eintrittskarte für spezielle Nachhaltigkeits-/Ethikfonds, die sich durch die höhere Aufmerksamkeit der Anleger in Bezug auf Nachhaltigkeit bereits jetzt gut entwickelt haben und dies in Zukunft meiner Einschätzung nach auch noch deutlich mehr tun werden.

- **Verbesserter Zugang zu politischen Entscheidungsträgern:** Auch Politiker umgeben sich gern mit erfolgreichen Unternehmen, die Zukunftsfähigkeit, Verantwortungsbewusstsein und Umweltschutz verkörpern. Gerade in den letzten Jahren bemerke ich diesen Effekt in stark zunehmendem Maße. Offensichtlich haben viele Politiker erkannt, dass in einer globalisierten Welt ein neuer unternehmerischer Ansatz gefunden werden muss, der mit der Nachhaltigkeitsmethodik gegeben ist. Mit Ihrem Nachhaltigkeitsbericht können Sie Politiker gezielt auf sich aufmerksam machen und so nützliche Kontakte und Zugänge zu politischen Entscheidungsträgern gewinnen.

- **Gutes Einvernehmen mit Behörden und Nachbarschaft:** Nachhaltigkeitsberichte bieten durch ihre offenen Informationen einen positiven Zugang zur jeweiligen Organisation. Die Stakeholder registrieren sehr schnell, dass die Nachhaltigkeitsberichterstattung, insbesondere die nach GRI-Kriterien, transparente und über die Jahre vergleichbare Informationen zu den Kernthemen der Organisation ermöglicht. Dies schafft Vertrauen und ist wichtige Grundlage für einen offenen Dialog und ein generelles Wohlwollen gegenüber der Organisation. Gleichzeitig wird ermöglicht, dass Maßnahmen und Projekte der Organisation mit Auswirkungen auf Nachbarn schneller durchgeführt werden können.

- **Orientierung im Management:** Nicht zuletzt bieten Nachhaltigkeitsberichte Klarheit für Sie selbst. Die Berichterstellung ist wie ein Scan über Ihr Unternehmen, wodurch Erfolge und Herausforderungen offensichtlich werden. Ein guter Nachhaltigkeitsbericht beschreibt, wie ein Unternehmen seine Zukunft langfristig sichern möchte. Die Erstellung der Berichte bietet daher einen guten Anlass, das Umfeld auf ökologische, gesellschaftliche und wirtschaftliche Chancen und Risiken zu untersuchen. In jedem Fall entsteht durch die komprimierte und umfassende Information eines Nachhaltigkeitsberichts gerade im Management eine völlig neue Blickweise auf die eigene Organisation, die wiederum neue Chancen birgt.

Anhang 6: Strategische Eckpunkte für eine nachhaltige Entwicklung in Kommunen

Im Zeitalter des globalen Klimawandels, der Abwendung von fossilen Energieträgern und der Hinwendung zu Erneuerbaren Energien sind gerade für Kommunen strategische Eckpunkte zu definieren, die eine nachhaltige Entwicklung ermöglichen.

- **Einbindung der Bürgerinnen und Bürger** Die Förderung von Mitwirkung und Eigeninitiative möglichst vieler Bürgerinnen und Bürger bei allen wichtigen Themen der Kommunalpolitik mit dem Ziel, dass die Menschen ihre Belange im Gemeinwesen selbst in die Hand nehmen. Dazu müssen von der Gemeindeverwaltung klare Zuständigkeiten und Verantwortlichkeiten definiert und innerhalb der Gemeinde kommuniziert werden. Die Berufung von Bürgerinnen und Bürgern in Beiräte, die sich mit Fragen zum kommunalen Nachhaltigkeitsmanagement befassen, ist eine wirksame Förderung der Mitwirkung.
- **Ressourcenverbrauch und Energieerzeugung** Erarbeitung von Strategien und Maßnahmen zur größtmöglichen Reduzierung von Treibhausgasen und zur Ressourcenschonung. Förderung der Bildung von kommunalen Bürger-Energiegenossenschaften zur Errichtung von Energieerzeugungsanlagen aus erneuerbaren und lokalen Quellen.
- **Nachhaltigkeitsaspekte in der Finanzplanung** Größere Investitionen erfolgen ausschließlich unter Berücksichtigung der Gesamtkosten während der Lebensdauer. Im Beschaffungswesen werden vergaberelevante Nachhaltigkeitskriterien implementiert, die auch zu Kostenreduzierungen führen werden. Die Nutzung innovativer Technologien, mit denen Energie, Treibstoff oder der Verbrauch natürlicher Ressourcen reduziert werden kann, wird gezielt eingesetzt.
- **Nachhaltigkeitsleitlinien** Die Ziele und Meilensteine der kommunalen Nachhaltigkeitsstrategie werden regelmäßig innerhalb der Verwaltung und an die Bürgerinnen und Bürger, Verbände, Vereine und Unternehmen der Gemeinde kommuniziert. Damit wird ein

gemeinsames Verständnis zum kommunalen Leitbild der Nachhaltigkeit erzielt.

- **Rollenverteilung** Die Einbindung möglichst vieler Bürgerinnen und Bürger ist erklärtes Ziel jeder kommunalen Entwicklung. Dafür hat die Kommune jedoch eine Vorreiterrolle zu übernehmen und die entsprechenden Rahmenbedingungen zu schaffen. Diese Voraussetzungen und Strukturen zu schaffen und die jeweils aktuellen Informationen zur Verfügung zu stellen, ist Aufgabe des Bürgermeisters, die nicht delegiert werden kann.

Anhang 7: Sustainable Balanced Scorecard

Mit einer Balanced Scorecard kann eine einfache Bewertung des Grades der Nachhaltigkeit in einer Organisation veranschaulicht werden.

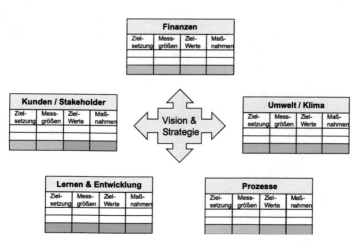

Sustainable Balanced Scorecard

Die Sustainability Balanced Scorecard baut auf einer zuvor entwickelten Nachhaltigkeitsstrategie und der dafür zugrunde liegenden Vision für die Organisation auf. Für die fünf Felder Finanzen, Umwelt/Klima, Prozesse, Lernen & Entwicklung und Kunden/Stakeholder werden nun als Erstes Ziele definiert. Messgrößen und Zielwerte präzisieren und quantifizieren die Ziele, für die schließlich Maßnahmen definiert werden.

Damit alle drei Dimensionen gleichwertig berücksichtigt werden, weise ich den einzelnen Feldern und Maßnahmen die Farbe der Säule des Tempels der Nachhaltigkeit zu, die primär bzw. überwiegend für die Maßnahme zutreffend ist. Damit lässt sich schon optisch ablesen, ob unsere Balanced Scorecard wirklich ausbalanciert ist.

Anhang 8: Checkliste – Abschwächung des Klimawandels

Der nachfolgende Auszug aus einer Checkliste nach dem System *Sustainability. Now.*® gibt schon einen ersten Überblick über notwendige Anpassungsmaßnahmen. Die vollständige Checkliste können Sie unter https://www.nachhaltigkeit-management.de/ erwerben.

4	Ökologie
4.3	Abschwächung des Klimawandels und Anpassung
4.3.3	Anpassung an den Klimawandel

Hat die Organisation ein Risikomanagement aufgebaut? Berücksichtigung der zukünftigen globalen und örtlichen Klimaprognosen und Identifizierung der Risiken für die Organisation	○ Ja ○ Nein ☐ Nachweise sind beigelegt, Anlage:
Berücksichtigt die Organisation die Auswirkungen des Klimawandels? Bei der Planung der Landnutzung, Flächennutzung und Gestaltung der Infrastruktur sowie der Instandhaltung	○ Ja ○ Nein ☐ Nachweise sind beigelegt, Anlage:
Unterstützt die Organisation regionale Maßnahmen zur Reduzierung von Überflutungen? Dies beinhaltet den Ausbau von Feuchtgebieten zum Hochwasserschutz und Reduzierung der Flächenversiegelung in Stadtgebieten.	○ Ja ○ Nein ☐ Nachweise sind beigelegt, Anlage:
Trägt die Organisation zur ökologischen Bewusstseinsschärfung bei? z.B. durch entsprechende Seminare und Fortbildungsmaßnahmen	○ Ja ○ Nein ☐ Nachweise sind beigelegt, Anlage:
Werden Gegenmaßnahmen eingeleitet? Einleitung von Gegenmaßnahmen zu bestehenden oder zu erwartenden Auswirkungen. Beitrag im eigenen Einflussbereich, so dass Anspruchsgruppen Kompetenzen und Fähigkeit zur Anpassung aufbauen	○ Ja ○ Nein ☐ Nachweise sind beigelegt, Anlage:

Auszug zur Checkliste Klimawandel

Anhang 9: GRI-Standards

Sobald die Berichtsgrundsätze umgesetzt, die kontextbezogenen Informationen und die wesentlichen Themen der Organisationen identifiziert wurden, kann der Nachhaltigkeitsbericht in der Struktur der GRI-Standards erstellt werden:

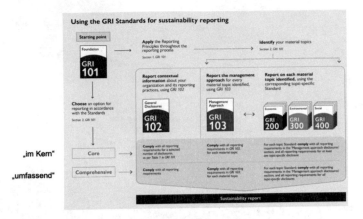

Schema GRI-Standards. (Quelle: www.globalreporting.org)

Elemente der GRI-Standards. (Quelle: www.globalreporting.org)

Anhang 10: Transformation von GRI –G4 zu GRI-Standards

Tool „Mapping G4 to the GRI Standards":
https://www.globalreporting.org/standards/
resource-download-center

Transformation G4 zu GRI-Standards. (Quelle: www.globalreporting.org)

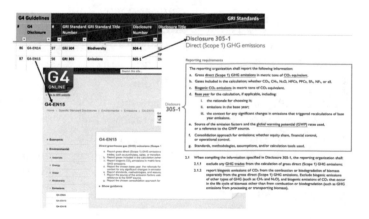

Beispiel zur Transformation G4 zu GRI-Standards. (Quelle: www.global-reporting.org)

Anhang 11: Links zu hilfreichen Tools

Die nachfolgenden Links führen zu Tools und Informationen im Themenfeld der Nachhaltigkeit. Die Tools sind zum Teil kostenlos.

- VFU e. V. (Verein für Umweltmanagement und Nachhaltigkeit in Finanzinstituten) – Berechnung von Umweltkennzahlen, Bilanzierung von Treibhausgasen https://vfu.de/2022/07/12/update-des-vfu-kennzahlenstandard-2022-auf-die-version-1-1/
- Key Performance Indicators for Environmental, Social & Governance Issues https://www.dvfa.de/fileadmin/downloads/Publikationen/Standards/KPIs_for_ESG_3_0_Final.pdf
- WeSustain – Software-Lösungen für CSR-Management https://www.wesustain.com/
- Nachhaltigkeitszertifizierung und nichtfinanzielle Berichterstattung für Organisationen und Unternehmen https://www.nachhaltigkeit-management.de/zertifizierung-nachhaltigkeit-messbar-machen/
- GaBi - Lify-Cycle-Analyse und Ökobilanz https://gabi.sphera.com/international/index/
- PlusB Consulting – Nachhaltigkeitsmanagement, Energieberatung, Fördermittelberatung nicht nur für KMU https://nachhaltigkeit-management.de
- Umweltpakt Bayern – Nachhaltigkeitsmanagement für KMU https://www.umweltpakt.bayern.de/umwelt_klimapakt/

- Umweltpakt Bayern – Treibhausgasbilanz/Carbon Footprint https://www.umweltpakt.bayern.de/energie_klima/fachwissen/279/carbon-footprint
- Leitfaden zum Deutschen Nachhaltigkeitskodex https://www.nachhaltigkeitsrat.de/wp-content/uploads/migration/documents/Leitfaden_zum_Deutschen_Nachhaltigkeitskodex.pdf

Anhang 12: Der Rucksack des Nachhaltigkeitsmanagers

Der Rucksack des Nachhaltigkeitsmanagers enthält zunächst die Tools und Werkzeuge der Basisversion. Wie jede Grundausstattung sollte er im Laufe der Jahre von Ihnen mit Spezialwerkzeugen ergänzt und optimiert werden.

Tool-Rucksack des Nachhaltigkeitsmanagers

- Der Tempel der Nachhaltigkeit

- SWOT-Analyse
- Sustainability Balanced Scorecard
- Checklisten zur Prüfung der Nachhaltigkeit
- Nachhaltigkeitskriterien für den Einkauf
- Argumente für einen Nachhaltigkeitsbericht
- Angaben eines Nachhaltigkeitsberichts
- Unser Wertesystem
- Nachhaltigkeitsmanagement
- Nachhaltigkeitsstrategie

Der Rucksack des Nachhaltigkeitsmanagers ist mit Bedacht und System gepackt. Eine Nachhaltigkeitsstrategie und ein damit verbundenes Nachhaltigkeitsmanagement ist Bestandteil unserer täglichen Arbeit, die wir noch im Schlaf behersschen. Deshalb packen wir diese Dinge erst einmal ganz nach unten und ziehen sie nur nach Bedarf heraus. Darauf unser Wertesystem, auf das wir immer wieder zurückgreifen und nachjustieren wenn es nötig ist.

Im oberen Bereich liegen unsere Checklisten, mit denen wir in allen drei Säulen den Grad der Nachhaltigkeit einer Organisation überprüfen können. Dort finden wir auch die Sustainable Balanced Scorecard und die SWOT-Analyse, denn diese Dinge brauchen wir fast immer.

Und ganz oben, sofort griffbereit liegt der Tempel der Nachhaltigkeit. Er liegt an dieser Stelle, denn auch wir als Nachhaltigkeitsmanager müssen uns immer wieder ins Gedächtnis rufen, wie das System der Nachhaltigkeit aufgebaut ist und welche Abhängigkeiten es gibt. Zudem brauchen wir den Tempel immer zu Beginn, wenn wir die ersten Gespräche mit einem neuen Kunden/Klienten/Auftraggeber führen.

Anhang 13: Erfassungsliste Energieverbraucher

Mit dieser einfachen Liste können Sie die Verbraucher in Ihrem Haushalt erfassen und erhalten sofort einen Überblick, wo Ihre Energiefresser verborgen sind.

Nr.	Gerät	Typ	Leistung pro Gerät in Watt	Stand-by-Leistung pro Gerät in Watt	Betriebstage pro Jahr	Betriebs-stunden pro Tag	Stand-by-Stunden pro Tag	Energieverbrauch in kWh pro Jahr
1	PC	0815	300	5	365	2	22	24,09
								Summe:

Beispiel: Ihr PC verbraucht nach Herstellerangabe 300 W im Normalbetrieb und 5 W im Stand-by-Betrieb. An einem durchschnittlichen Tag ist der PC für 2 Stunden in Betrieb, die restliche Zeit auf Stand-by.

Der Energieverbrauch errechnet sich dann mit: E = ((300 W x 2 h) + (5 W x 22 h)) x 365 d / 1.000.000 = 24,09 kWh pro Jahr.

Quellenverweis und Anmerkungen

1. Mehr Infos zu Ethikfonds z. B. unter: https://www.geld-welten.de/geldanlage/fonds/ethikfonds.html.
2. https://www.globalreporting.org/standards/gri-standards-translations/gri-standards-german-translations-download-center/.

Printed in the United States
by Baker & Taylor Publisher Services